赵渝强　编著

MySQL
数据库进阶实战

MySQL
DATABASE
ADVANCED PRACTICE

机械工业出版社
CHINA MACHINE PRESS

本书是作者基于多年的教学与实践进行的总结，重点介绍了 MySQL 数据库的核心原理与体系架构，涉及开发、运维、管理与架构等知识。全书共 12 章，包括 MySQL 数据库基础、详解 InnoDB 存储引擎、MySQL 用户管理与访问控制、管理 MySQL 的数据库对象、MySQL 应用程序开发、MySQL 的事务与锁、MySQL 备份与恢复、MySQL 的主从复制与主主复制、MySQL 的高可用架构、MySQL 性能优化与运维管理、MySQL 数据库的监控和使用 MySQL 数据库中的中间件。读者根据本书中的实战步骤进行操作，可以在实际项目的生产环境中快速应用并实施 MySQL。

本书基于 MySQL 8.0 版本进行编写，为读者提供了完整的实例代码（获取方式见封底）。本书适合对 MySQL 数据库技术感兴趣的平台架构师、运维管理人员和项目开发人员阅读。读者无论是否接触过数据库技术，只要具备基础的 Linux 和 SQL 知识，都能够通过本书快速掌握 MySQL 并提升实战经验。

图书在版编目（CIP）数据

MySQL 数据库进阶实战/赵渝强编著 . —北京：机械工业出版社，2022.7
ISBN 978-7-111-70914-5

Ⅰ. ①M⋯　Ⅱ. ①赵⋯　Ⅲ. ①SQL 语言-数据库管理系统
Ⅳ. ①TP311. 132. 3

中国版本图书馆 CIP 数据核字（2022）第 095915 号

机械工业出版社（北京市百万庄大街 22 号　邮政编码 100037）
策划编辑：李晓波　责任编辑：李晓波
责任校对：徐红语　责任印制：李　昂
北京联兴盛业印刷股份有限公司印刷
2022 年 7 月第 1 版第 1 次印刷
184mm×240mm · 18.75 印张 · 482 千字
标准书号：ISBN 978-7-111-70914-5
定价：99.00 元

电话服务　　　　　　网络服务
客服电话：010-88361066　机　工　官　网：www.cmpbook.com
　　　　　010-88379833　机　工　官　博：weibo.com/cmp1952
　　　　　010-68326294　金　书　网：www.golden-book.com
封底无防伪标均为盗版　机工教育服务网：www.cmpedu.com

随着信息技术的不断发展以及互联网行业的高速增长，作为开源数据库的 MySQL 得到了广泛的应用和发展。目前 MySQL 已成为关系型数据库领域中非常重要的一员。笔者拥有多年在数据库方面的教学经验，并在实际的运维和开发工作中积累了大量实践经验。因此，想系统编写一本 MySQL 数据库方面的书籍，力求能够全面地介绍 MySQL 的相关知识。通过本书，一方面总结笔者在 MySQL 数据库方面的经验，另一方面也希望对学习和使用 MySQL 的读者有所帮助，为 MySQL 在国内的发展贡献一份力量。期望通过本书的学习，读者能够全面系统地掌握 MySQL 数据库，并在实际工作中灵活运用。

1. 本书特色

本书聚焦 MySQL 数据库并基于 MySQL 8.0 版本编写，对 MySQL 数据库的相关知识进行全面深入的讲解，辅以实战。本书有如下特色。

（1）一线技术，系统全面

本书全面系统地介绍了目前开源关系型数据库领域中最火热的技术代表之一 MySQL，包含了该数据库中大部分知识点，力求用全面覆盖 MySQL 的核心内容。

（2）精雕细琢，阅读性强

全书采用通俗易懂的语言，并经过多次打磨，力求精确。同时注重前后章节知识的承上启下，让从未有过数据库方面经验的读者也可以轻松地读懂本书。

（3）从零开始，循序渐进

全书从最基础的内容开始讲解并逐步深入，先介绍 MySQL 的基础内容，再介绍 MySQL 的存储引擎，然后全面深入 MySQL 体系，从而帮助读者从基础入门向开发高手的迈进。

（4）由易到难，重点解析

本书编排由易到难，内容全面。同时对重点和难点进行了详细讲解，对易错点进行了提示说明，帮助读者克服学习过程中的困难。

（5）突出实战，注重效果

全书采用理论讲解+动手实操的方式，让读者在学习学习过程中能够有一个动手实操的体验。书中的所有实战步骤都经过了笔者的亲测。

（6）实践方案，指导生产

本书以实践为主，所有的示例都可运行。并且书中提供了大量的技术解决方案，为读者提供实际生产环境的指导。

2. 阅读本书，您能学到什么

- 掌握 MySQL 数据库的基础及安装配置
- 掌握 MySQL InnoDB 存储引擎
- 掌握 MySQL 用户管理与访问控制
- 灵活运用 MySQL 的各种数据库对象
- 熟练编写 MySQL 应用程序
- 掌握 MySQL 的事务与锁
- 掌握 MySQL 备份与恢复
- 掌握 MySQL 的主从复制与主主复制
- 掌握 MySQL 的高可用架构
- 掌握 MySQL 性能优化与运维管理
- 掌握 MySQL 数据库的监控
- 熟练使用 MySQL 数据库的中间件

3. 读者对象

本书既适合 MySQL 数据库的初学者，也适合想进一步提升数据库技术的中高级从业人员。本书读者对象如下。

- 数据库技术的自学者。
- 数据库管理员。
- MySQL 数据库爱好者。
- 高等院校的老师和学生。
- 测试工程师。
- 运维技术人员。

由于编者水平有限，书中难免有纰漏之处，请广大读者不吝赐教。欢迎读者通过扫描下面的二维码，关注公众号"IT 阅读会"进行书中相关技术的沟通交流。

赵渝强

北　京

目录

 # 第1章 MySQL数据库基础

MySQL 数据库作为关系型数据库中非常重要的一员，其应用非常广泛。尤其是随着互联网时代的兴起，MySQL 在数据库领域显示了举足轻重的地位，这也很好地促进了它的发展。MySQL 的 Logo 是一只小海豚，如图 1-1 所示。

● 图 1-1

1.1 MySQL 数据库简介与分支版本

MySQL 是一个非常受欢迎的开源关系型数据库。现在很多网站的数据库都是使用 MySQL，尤其是在互联网领域。目前 MySQL 已经被 Oracle 收购，成了 Oracle 产品家族中的一员。由于 MySQL 的开源特性，有很多 MySQL 的爱好者为了使其更适合自己环境的需要，便对 MySQL 进行了改造。因此 MySQL 数据库便有了一些分支，以下列举了几个比较常用的 MySQL 分支。

- Oracle 官方版本的 MySQL。MySQL 最开始是由瑞典 MySQL AB 公司开发。在 2008 年，Sun 公司收购了 MySQL AB 公司，而在 2009 年 Oracle 公司又收购了 Sun 公司。Oracle 公司收购 Sun 公司其中很重要的原因就是为了收购 MySQL。通过这一系列的收购，最终 MySQL 成了 Oracle 公司的产品。

- MariaDB。在 Sun 公司收购 MySQL AB 公司的时候，一些 MySQL 的创始人和主要的工程师便成立新的公司 SkySQL，基于 MySQL 的开源特性开发新版本的数据库。之后在 Oracle 公司收购 Sun 公司的时候，同样有一批工程师离开了 Sun，创立新公司 Monty Program Ab。后来这两家公司合并推出了 MariaDB，并提供支持和新特性的开发。MariaDB 与官方版本的 MySQL 相比，在数据库服务器端进行了加强，并且支持更多的存储引擎。

- Percona Server for MySQL。Percona 公司开发了 Percona Server，并对 MySQL 数据库服务器进行了改进。改进后的版本在功能和性能上较 MySQL 有很显著的提升，提升了在高负载

情况下 InnoDB 存储引擎的性能,并为数据库管理员提供一些非常有用的性能诊断工具。另一方面,Percona Server for MySQL 有更多的参数和命令来控制数据库服务器的行为。

1.2 安装 MySQL 数据库

在了解了 MySQL 的基本内容后,下面通过具体的步骤来演示如何安装 MySQL 数据库服务器。这里使用的 MySQL 版本是 8.0.20,操作系统是 CentOS 7 64 位。

1.2.1 【实战】安装前的准备

1)关闭 CentOS 的防火墙。

```
systemctl stop firewalld.service
systemctl disable firewalld.service
```

2)编辑文件"/etc/selinux/config"关闭 SELinux。

```
SELINUX=disabled
```

3)创建 MySQL 用户和组。

```
#创建 mysql 的 HOME 目录
mkdir -p /home/mysql

#创建 mysql 组
groupadd mysql

#创建 mysql 用户,并指定组和默认路径
useradd -r -d /home/mysql -g mysql mysql

#将 mysql 默认路径的用户和组改成 mysql
chown -R mysql:mysql /home/mysql
```

1.2.2 【实战】安装 MySQL 8

这里推荐读者下载 Linux 通用版本,其便于管理安装位置,也方便一台服务器安装多个版本的 MySQL。这里使用的安装包是 mysql-8.0.20-linux-glibc2.12-x86_64.tar.xz。图 1-2 展示了官方的下载页面。

下面是安装 MySQL 的具体步骤。

1)将"mysql-8.0.20-linux-glibc2.12-x86_64.tar.xz"复制至"/usr/local"目录下。

2)解压 MySQL 安装包。

```
cd /usr/local/
tar -xvf mysql-8.0.20-linux-glibc2.12-x86_64.tar.xz
```

● 图　1-2

3）将解压后的 MySQL 目录进行改名。

```
mv mysql-8.0.20-linux-glibc2.12-x86_64 mysql
```

4）设置目录"/usr/local/mysql"的所有者。

```
chown -R mysql:mysql /usr/local/mysql
```

5）查看 MySQL 的目录结构。

```
tree -d -L 1 mysql
```

输出的信息如下。

```
mysql
    ├──bin
    ├──docs
    ├── include
    ├──lib
    ├──man
    ├──share
    └── support-files
```

6）编辑文件"/etc/profile"为 MySQL 配置环境，在文件的最后增加下面的内容。

```
export PATH= $ PATH:/usr/local/mysql/bin
```

7）生效环境配置。

```
source /etc/profile
```

8）创建 MySQL 数据目录。

```
#创建数据目录
mkdir /usr/local/mysql/data

#将数据目录的用户和组改成 mysql
chown mysql:mysql /usr/local/mysql/data

#更改数据目录权限
chmod 750 /usr/local/mysql/data
```

9）新建 MySQL 配置文件"/etc/my.cnf"，并添加以下内容。

```
[mysqld]
server-id=1
port=3306
basedir=/usr/local/mysql
datadir=/usr/local/mysql/data
log-error=/usr/local/mysql/data/error.log
socket=/tmp/mysql.sock
pid-file=/usr/local/mysql/data/mysql.pid
character-set-server=utf8
lower_case_table_names=1
innodb_log_file_size=1G
default-storage-engine=INNODB
default_authentication_plugin=mysql_native_password
[client]
port=3306
default-character-set=utf8
```

10）初始化 MySQL 数据库。

```
mysqld --initialize --user mysql
```

11）查看初始化的输出日志，确定 MySQL 的 root 用户密码。

```
cat /usr/local/mysql/data/error.log
```

输出的信息如下。

```
[Server] /usr/local/mysql-8.0.20-linux-glibc2.12-x86_64/bin/mysqld
      (mysqld 8.0.20) initializing of server in progress as process 13849
[Server] --character-set-server:'utf8' is currently an aliasfor the character set UTF8MB3, but
      will be an alias for UTF8MB4 in a future release. Please consider using UTF8MB4
      in order to be unambiguous.
[InnoDB] InnoDB initialization has started.
[InnoDB] InnoDB initialization has ended.
[Server] A temporary password is generated for root@ localhost: nDTe3pN% ;QcO。
```

> 📦 **提示**
>
> 看到输出下面的信息，表示初始化成功。
>
> ```
> [InnoDB] InnoDB initialization has started.
> [InnoDB] InnoDB initialization has ended.
> ```
>
> MySQL root 用户的临时密码是：nDTe3pN%；QcO。

1.2.3　【实战】启动与关闭 MySQL 数据库

MySQL 数据库安装成功后，就可以通过 MySQL 提供的命令脚本来启动 MySQL 数据库服务器了。下面是具体的操作步骤。

1）启动 MySQL 数据库。

```
cd /usr/local/mysql
support-files/mysql.server start
```

输出的信息如下。

```
Starting MySQL.. SUCCESS!
```

2）查看 MySQL 数据库的状态。

```
support-files/mysql.server status
```

输出信息如下。

```
SUCCESS! MySQL running (14278)
```

3）配置 MySQL 数据库的开机自启服务。

```
#复制 mysql.server 到/etc/init.d 目录下
cp /usr/local/mysql/support-files/mysql.server /etc/init.d/mysqld

#使用 chkconfig 添加 mysql 服务到开机启动的列表里
chkconfig --add mysqld
```

> 📦 **提示**
>
> 此时就可以使用 systemctl 命令来管理 MySQL 服务了，例如执行下面的命令来查看 MySQL 数据库服务器的状态。
>
> ```
> systemctl status mysqld
> ```

4）查看系统配置的开机自启列表。

```
chkconfig --list
```

输出的信息如下。

```
mysqld        0:off1:off2:on3:on4:on5:on6:off
netconsole    0:off1:off2:off3:off4:off5:off6:off
network       0:off1:off2:on3:on4:on5:on6:off
```

5）关闭 MySQL 数据库。

```
cd /usr/local/mysql
support-files/mysql.server stop
```

> **提示**
>
> 关闭 MySQL 数据库也可以使用 mysqladmin 命令，如下所示：
>
> ```
> mysqladmin -uroot -pWelcome_1 shutdown
> ```
>
> 还有另一种方式关闭 MySQL，即使用 root 用户登录 MySQL 后，执行 shutdown 命令。
>
> ```
> [root@ mysql11 ~]#mysql -uroot -pWelcome_1
> mysql> shutdown;
> Query OK, 0 rows affected (0.00 sec)
> ```

1.2.4　MySQL 的连接方式与基本操作

MySQL 数据库服务器成功启动后，可以通过多种不同的方式进行连接。连接方式主要有本地连接、远程连接和安全连接。下面通过具体的步骤来演示如何使用它们。

1. 本地连接

1）在 CentOS 的命令终端中直接输入下面的命令，并使用 root 用户登录 MySQL，输入"/usr/local/mysql/data/error. log"中的临时密码。

```
mysql -uroot -p
```

2）修改 MySQL root 用户的密码。

```
mysql> alter user 'root'@ 'localhost' identified by 'Welcome_1';
```

> **提示**
>
> 这里将 root 用户密码修改为"Welcome_1"。

3）下面的语句将允许用户 root 进行远程登录。

```
mysql> create user 'root'@ '%' identified by 'Welcome_1';
mysql> grant all on * .*to 'root'@ '%';
mysql> flush privileges;
```

2. 远程连接

这里创建一个新的用户"user001"，并且允许该用户远程登录后只能操作系统的"mysql"数据库。

1）创建用户 "user001"，密码是 "Welcome_1"。

```
mysql> create user 'user001'@'%' identified by 'Welcome_1';
```

2）为用户 "user001" 授权。

```
mysql> grant all on mysql.* to 'user001'@'%';
mysql> flush privileges;
```

3）使用 root 用户查看系统的 "user" 表。

```
mysql> use mysql;
mysql> select host,user from user;
```

输出的信息如下。

```
+-----------+------------------+
| host      | user             |
+-----------+------------------+
| %         | root             |
| %         | user001          |
| localhost | mysql.infoschema |
| localhost | mysql.session    |
| localhost | mysql.sys        |
| localhost | root             |
+-----------+------------------+
```

4）使用 root 用户查看系统的 "db" 表。

```
mysql> use mysql;
mysql> select host,user,db from db where user='user001';
```

输出的信息如下。

```
+------+---------+-------+
| host | user    | db    |
+------+---------+-------+
| %    | user001 | mysql |
+------+---------+-------+
```

3. 安全连接

MySQL 默认的数据通道是不加密的，在一些安全性要求特别高的场景下，需要配置 MySQL 端口为 SSL，使得数据通道加密处理，避免敏感信息泄漏和被篡改。当启用 MySQL SSL 之后，由于每个数据包都需要加密和解密，将对 MySQL 数据库的性能造成严重的影响。

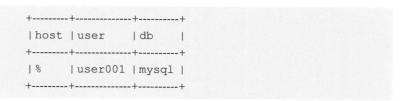

提示

默认情况下，MySQL 8 已经启用 SSL 的安全连接。如果没有启用 SSL 安全连接，MySQL 提供了一个实用程序命令 "mysql_ssl_rsa_setup" 帮助启用和配置 SSL 的安全连接以及需要的证书。

下面通过具体的步骤来演示如何使用 MySQL 的 SSL 安全连接。

1）使用 MySQL 的 root 用户登录，执行 "status" 语句检查是否启用了 SSL 的安全连接。

```
mysql> status;
```

输出的信息如下。

```
mysql  Ver 8.0.20 for Linux on x86_64 (MySQL Community Server - GPL)

Connection id:9
Current database:
Current user:    root@ localhost
SSL:     Not in use
......
```

> **提示**
>
> root 用户默认是不需要使用 SSL 的安全连接的。

2）查看 SSL 参数状态，查看 have_ssl 为 YES，这表示 MySQL 已经支持 SSL 的安全连接。

```
mysql> show variables like '% ssl% ';
```

输出的信息如下。

```
+--------------------------+-------------------------+
| Variable_name            | Value                   |
+--------------------------+-------------------------+
| have_openssl             | YES                     |
| have_ssl                 | YES                     |
| mysqlx_ssl_ca            |                         |
| mysqlx_ssl_capath        |                         |
| mysqlx_ssl_cert          |                         |
| mysqlx_ssl_cipher        |                         |
| mysqlx_ssl_crl           |                         |
| mysqlx_ssl_crlpath       |                         |
| mysqlx_ssl_key           |                         |
| ssl_ca                   | ca.pem                  |
| ssl_capath               |                         |
| ssl_cert                 | server-cert.pem         |
| ssl_cipher               |                         |
| ssl_crl                  |                         |
| ssl_crlpath              |                         |
| ssl_fips_mode            | OFF                     |
| ssl_key                  | server-key.pem          |
+--------------------------+-------------------------+
```

3）创建一个用户，要求使用 SSL 的安全连接。

```
mysql> create user 'user002'@'%' identified by 'Welcome_1';
mysql> grant all on *.* to 'user002'@'%';
mysql> alter user 'user002'@'%' require ssl;
```

4）查看是否开启强制用户使用 SSL。

```
mysql> select user,host,ssl_type,ssl_cipher from mysql.user ;
```

输出的信息如下。

```
+------------------------+------------------+----------+------------------------------+
| user                   | host             | ssl_type | ssl_cipher                   |
+------------------------+------------------+----------+------------------------------+
| mycat                  | %                |          | 0x                           |
| root                   | %                |          | 0x                           |
| user002                | %                | ANY      | 0x                           |
| myadmin                | 192.168.79.%     |          | 0x                           |
| proxysql               | 192.168.79.%     |          | 0x                           |
| repl                   | 192.168.79.%     |          | 0x                           |
| mysql.infoschema       | localhost        |          | 0x                           |
| mysql.session          | localhost        |          | 0x                           |
| mysql.sys              | localhost        |          | 0x                           |
| root                   | localhost        |          | 0x                           |
+------------------------+------------------+----------+------------------------------+
```

5）客户端使用“user002”通过 SSL 安全连接方式连接 MySQL。

```
mysql --ssl-ca=/usr/local/mysql/data/ca.pem \
--ssl-cert=/usr/local/mysql/data/client-cert.pem \
--ssl-key=/usr/local/mysql/data/client-key.pem \
-uuser002 -p
```

6）输入“user002”的密码，登录后执行“status”语句检查是否启用了 SSL 的安全连接。

```
mysql> status;
```

输出的信息如下。

```
mysql  Ver 8.0.20 for Linux on x86_64 (MySQL Community Server - GPL)

Connection id:          13
Current database:
Current user:           user002@localhost
SSL:                    Cipher in use is TLS_AES_256_GCM_SHA384
Current pager:          stdout
```

4. MySQL 的数据库基本操作

1）创建数据库。MySQL 可以使用“create database”语句创建数据库。

```
mysql> create database demo1;
```

> **提示**
>
> 通过"help"指令可以查看创建数据库的完整语法格式。
>
> ```
> mysql> help create database;
> Name: 'CREATE DATABASE'
> Description:
> Syntax:
> CREATE {DATABASE |SCHEMA} [IF NOT EXISTS]db_name
>     [create_specification] ...
> create_specification:
>   [DEFAULT] CHARACTER SET [=]charset_name
>   |[DEFAULT] COLLATE [=]collation_name
>   | DEFAULT ENCRYPTION [=] {'Y' |'N'}
> ```
>
> 另外,创建数据库也可以使用"create schema"语句。

2)选择数据库。

在 MySQL 中,使用"use"语句可以选择一个数据库,在使用"create database"语句创建了数据库之后,该数据库不会自动成为当前数据库,需要用"use"语句来指定。例如:选择"demo1"数据库:

```
mysql> use demo1;
```

> **提示**
>
> 只有使用"use"命令指定某个数据库为当前的数据库之后,才能对该数据库及其存储的数据对象执行各种后续的操作。

3)修改数据库。在 MySQL 中,可以使用"alter database"或"alter schema"语句来修改已经被创建数据库的相关参数,其语法如下。

```
mysql> help alter database;
Name: 'ALTER DATABASE'
Description:
Syntax:
ALTER {DATABASE |SCHEMA} [db_name]
    alter_specification ...

alter_specification:
    [DEFAULT] CHARACTER SET [=]charset_name
    |[DEFAULT] COLLATE [=]collation_name
    | DEFAULT ENCRYPTION [=] {'Y' |'N'}
```

例如:修改已有数据库"demo1"的默认字符集和校对规则。

```
mysql> alter database demo1 default character set utf8
                         default collate utf8_general_ci;
```

4）查看数据库。在 MySQL 中可以使用"show databases"或"show schemas"语句查看可用的数据库列表，其语法如下。

```
mysql> help show databases;
Name:'SHOW DATABASES'
Description:
Syntax:
SHOW {DATABASES |SCHEMAS}
    [LIKE'pattern' |WHEREexpr]
```

例如：

```
mysql> show databases;
```

输出的信息如下。

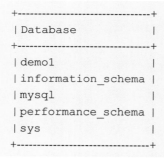

5）删除数据库。在 MySQL 中，当需要删除已创建的数据库时，可以使用"drop database"或"drop schema"语句进行删除，其语法格式如下。

```
mysql> help drop database;
Name:'DROP DATABASE'
Description:
Syntax:
DROP {DATABASE |SCHEMA} [IF EXISTS]db_name
```

6）运行 SQL 语句创建部门表（dept）和员工表（emp）。

```
mysql> use demo1;

mysql> create table dept
(deptno int primary key,
dname varchar(10),
loc varchar(10)
);
mysql> create table emp
```

```
(empno int primary key,

ename varchar(10),
job varchar(10),
mgr int,
hiredate varchar(10),
sal int,
comm int,
deptno int,
foreign key(deptno) references dept(deptno));
```

7）在 MySQL 的命令提示符下往部门表和员工表中插入数据。

```
insert into dept values(10,'ACCOUNTING','NEW YORK');
insert into dept values(20,'RESEARCH','DALLAS');
insert into dept values(30,'SALES','CHICAGO');
insert into dept values(40,'OPERATIONS','BOSTON');

insert into emp values
(7369,'SMITH','CLERK',7902,'1980/12/17',800,null,20);
insert into emp values
(7499,'ALLEN','SALESMAN',7698,'1981/2/20',1600,300,30);
insert into emp values
(7521,'WARD','SALESMAN',7698,'1981/2/22',1250,500,30);
insert into emp values
(7566,'JONES','MANAGER',7839,'1981/4/2',2975,null,20);
insert into emp values
(7654,'MARTIN','SALESMAN',7698,'1981/9/28',1250,1400,30);
insert into emp values
(7698,'BLAKE','MANAGER',7839,'1981/5/1',2850,null,30);
insert into emp values
(7782,'CLARK','MANAGER',7839,'1981/6/9',2450,null,10);
insert into emp values
(7788,'SCOTT','ANALYST',7566,'1987/4/19',3000,null,20);
insert into emp values
(7839,'KING','PRESIDENT',-1,'1981/11/17',5000,null,10);
insert into emp values
(7844,'TURNER','SALESMAN',7698,'1981/9/8',1500,null,30);
insert into emp values
(7876,'ADAMS','CLERK',7788,'1987/5/23',1100,null,20);
insert into emp values
(7900,'JAMES','CLERK',7698,'1981/12/3',950,null,30);
insert into emp values
(7902,'FORD','ANALYST',7566,'1981/12/3',3000,null,20);
insert into emp values
(7934,'MILLER','CLERK',7782,'1982/1/23',1300,null,10);
```

1.3　MySQL 的体系架构

对于 MySQL 来说，虽然经历了多个版本迭代，并且也存在不同的分支，但是 MySQL 数据库的基础架构基本都是一致的。图 1-3 展示了 MySQL 的体系架构。

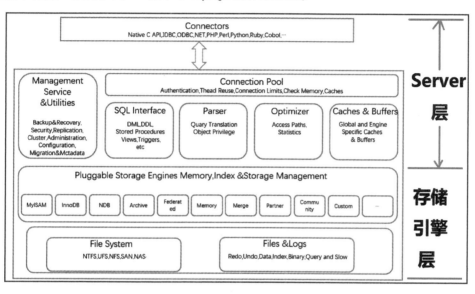

● 图　1-3

总体上看，整个 MySQL 数据库的服务器端分为 Server 层和存储引擎层。下面分别介绍这两层中的详细内容。

1.3.1　MySQL 的 Server 层

MySQL 的 Server 层主要有以下 7 个组件：MySQL 向外提供的交互接口（Connectors）、连接池组件（Connection Pool）、管理服务组件和工具组件（Management Service & Utilities）、SQL 接口组件（SQL Interface）、查询分析器组件（Parser）、优化器组件（Optimizer）以及查询缓存主件（Query Caches & Buffers）

下面分别介绍这 7 个组件的作用。

● MySQL 向外提供的交互接口（Connectors）

Connectors 组件是 MySQL 向外提供的交互组件，如 Java，.NET，PHP 等语言可以通过该组件来操作 MySQL 语句，实现与 MySQL 的交互。建立连接之后，可以通过"show processlist"语句来查看已经建立的连接，如图 1-4 所示。

```
mysql> show processlist;
+----+-----------------+-----------+------+---------+-------+-----------------------+-----------------+
| Id | User            | Host      | db   | Command | Time  | State                 | Info            |
+----+-----------------+-----------+------+---------+-------+-----------------------+-----------------+
|  5 | event_scheduler | localhost | NULL | Daemon  | 28862 | Waiting on empty queue | NULL            |
| 23 | root            | localhost | NULL | Query   |     0 | starting              | show processlist |
| 24 | root            | localhost | NULL | Sleep   |    14 |                       | NULL            |
+----+-----------------+-----------+------+---------+-------+-----------------------+-----------------+
3 rows in set (0.00 sec)
```

● 图 1-4

 提示 ●

如果客户端一段时间内没有活跃行为，那么连接器在默认的 8 个小时后会主动断开连接。如果在连接被断开之后，客户端再次发送请求的话，就会收到一个错误提醒：Lost connection to MySQL server during query。

客户端连接到 MySQL 数据库上时，根据连接时间的长短可以分为：短连接和长连接。短连接比较简单，指每次查询之后会断开，再次查询需要重新建立连接，因此使用短连接的成本较高；长连接指长时间连接到 MySQL 数据库上并执行数据库操作，因此长连接会导致出现内存溢出的问题，从而使 MySQL 异常重启。

提示 ●

在使用长连接时，可以使用客户端函数"mysql_reset_connection()"来重新初始化连接资源。这个过程不需要重连和重新做权限验证，但是会将连接恢复到刚刚创建完时的状态。

- 连接池组件（Connection Pool）。负责监听客户端向 MySQL 服务器端的各种请求，接收请求、转发请求到目标模块。每个成功连接 MySQL 服务器端的客户请求都会被创建或分配一个线程，该线程负责客户端与 MySQL 服务器端的通信，接收客户端发送的命令，传递服务器端的结果信息等。
- 管理服务组件和工具组件（Management Service & Utilities）。提供对 MySQL 的集成管理，如备份（Backup）、恢复（Recovery）、安全管理（Security）等。
- SQL 接口组件（SQL Interface）。接收用户 SQL 命令，如 DML、DDL 和存储过程等，并将最终结果返回给用户。
- 查询分析器组件（Parser）。系统在执行输入语句之前，必须分析出语句想要干什么。例如：首先通过 select 关键字得知这是一条查询命令，还包括分析要查询的是哪张表以及查询条件是什么。同时，分析器必须分析输入语句的语法正确性。如果 SQL 中存在语法的错误，则查询分析器组件将返回提示信息"You have an error in your SQL syntax"。
- 优化器组件（Optimizer）。优化器是 MySQL 用来对输入语句在执行之前所做的最后一步优化。优化内容包括：是否选择索引、选择哪个索引、多表查询的联合顺序等。每一种执行方法的逻辑结果是一样的，但是执行的效率会有不同，而优化器的作用就是决定选择使用哪一个方案。
- 查询缓存主件（Query Caches & Buffers）。这个查询缓存比较好理解。在每一次查询时，MySQL 都先去看看是否命中缓存，命中则直接返回，提高了系统的响应速度。但是这个功能有一个相当大的弊病，那就是一旦这个表中数据发生更改，那么这张表对应的所有缓存都会失效。

对于更新压力大的数据库来说，查询缓存的命中率会非常低。除非业务系统就只有一张静态表，很长时间才会更新一次。比如，一个系统配置表，那这张表上的查询才适合使用查询缓存。所以在生产系统中，建议关闭该功能。

在 MySQL 8.0 版本之前，可以通过将参数“query_cache_type”设置成 OFF，来关闭查询缓存的功能。但是在 MySQL 8.0 版本之后，直接删掉了这部分的功能。

执行下面的语句查询缓存。

```
mysql> show variables like '% query_cache% ';
```

输出的信息如下。

```
+---------------------------+----------+
|Variable_name              |Value     |
+---------------------------+----------+
| have_query_cache          | NO       |
+---------------------------+----------+
```

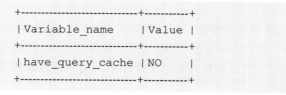

提示

如果在 MySQL 8.0 以前的版本中，输出的信息如下。

```
+----------------------------------+------------+
| Variable_name                    | Value      |
+----------------------------------+------------+
| have_query_cache                 | YES        |
| query_cache_limit                | 1048576    |
| query_cache_min_res_unit         | 4096       |
| query_cache_size                 | 1048576    |
| query_cache_type                 | OFF        |
| query_cache_wlock_invalidate     | OFF        |
+----------------------------------+------------+
```

1.3.2　MySQL 的存储引擎

MySQL 的存储引擎层负责数据的存储和提取，其架构模式是插件式的，支持 InnoDB、MyISAM、Memory 等多个存储引擎。现在最常用的存储引擎是 InnoDB，它从 MySQL 5.5.5 版本开始成为默认存储引擎。

1. MyISAM 存储引擎

在 MySQL 5.1 版本之前，默认的存储引擎是 MyISAM。该存储引擎管理非事务表，是 ISAM 的扩展格式。除了提供 ISAM 里所没有的索引的字段管理功能外，MyISAM 还使用一种表格锁定的机制来优化多个并发的读写操作。

提示

通过"show create table"命令可以查看创建表时使用的存储引擎。例如图 1-5 中的 test1 表使用的就是 InnoDB 的存储引擎。

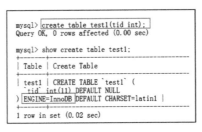

```
mysql> create table test1(tid int);
Query OK, 0 rows affected (0.00 sec)

mysql> show create table test1;
+-------+-----------------------+
| Table | Create Table          |
+-------+-----------------------+
| test1 | CREATE TABLE `test1` (
  `tid` int(11) DEFAULT NULL
) ENGINE=InnoDB DEFAULT CHARSET=latin1 |
+-------+-----------------------+
1 row in set (0.02 sec)
```

● 图 1-5

MyISAM 提供高速存储和检索，以及全文搜索能力。MyIASM 存储引擎的特性如下。

- 不支持事务，不具备事务的 ACID（关于事务的 ACID 特性将在第 6 章进行详细介绍）特性。
- 采用表级锁定。更新数据时将锁定整个表。虽然表级锁定实现成本很小，但是却大大降低了其并发的性能。
- 读写相互阻塞。不仅会在写入的时候阻塞读取数据的操作，还会在读取的时候阻塞写入数据的操作；但是读取数据的操作不会阻塞另外的读取数据操作。
- 只会缓存索引，不缓存数据。
- 读取数据的速度快，占用资源比较少。
- 不支持外键约束。
- 支持全文检索。

下面通过一个示例来演示 MyIASM 存储引擎的特性。

1）创建 test2 表，存储引擎是 MyIASM。

```
mysql> create table test2
    (tid int,tname varchar(20),money int)
    engine=myisam
```

2）开启事务，并往 test2 表插入数据。

```
mysql> start transaction;
mysql> insert into test2 values(1,'Tom',1000);
```

3）不提交事务，直接断开客户端，数据依然被持久地保存了。

MyIASM 存储引擎的应用场景如下。

- 不需要事务支持的场景。
- 读多或者写多的单一业务场景，读写频繁的则不适合。
- 读写并发访问较低的业务。
- 数据修改相对较少的业务。
- 以读为主的业务。

- 对数据的一致性要求不是很高的业务。
- 服务器硬件资源相对比较差的场景。

2. Memory 存储引擎

数据库中的表如果使用了 Memory 存储引擎，那么也可以将这张表称为内存表。此时表中的数据只存在于当前 MySQL 的内存中。如果 MySQL 重新启动或者关闭，此时的数据将会丢失。

下面通过一个示例来演示 Memory 存储引擎的特性。

1）创建 test3 表，存储引擎是 Memory。

```
mysql> create table test3
    (tid int,tname varchar(20),money int)
    engine=memory;
```

2）往 test3 表插入数据。

```
mysql> insert into test3 values(1,'Tom',1000);
```

3）查询 test3 表中的数据。

```
mysql> select *  from test3;
```

输出的信息如下。

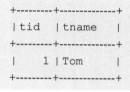

```
+---------+-------------+
| tid   | tname    |
+---------+-------------+
|     1 | Tom      |
+---------+-------------+
```

4）重启 MySQL。

```
systemctl restart mysqld
```

5）查询 test3 表中的数据。

```
mysql> use demo1;
mysql> select *  from test3;
```

输出的信息如下。

```
Empty set (0.00 sec)
```

3. InnoDB 存储引擎

InnoDB 是当前 MySQL 默认的存储引擎，也是互联网公司数据库存储引擎的不二选择。InnoDB 的特性如下。

- 支持数据库事务。在可重复读的隔离级别下，解决了不可重复读的问题。并且通过间隙锁的引入解决了幻读的问题。
- 支持行级锁和表级锁。默认是行级锁，因此具备更高的并发度。
- 支持外键。

- 为处理巨大数据量时的最佳性能而设计。CPU 效率可能是任何其他基于磁盘的关系型数据库引擎所不能匹敌的。
- InnoDB 中不保存表的行数。清空整个表时，InnoDB 是一行一行地删除，因此效率非常慢。
- InnoDB 使用 B+树来存储索引，因此具有查询效率高的特点，并且支持索引上的范围查询。

> 💡 **提示**
>
> 关于 InnoDB 存储引擎将会在第 2 章进行详细介绍。

1.4　MySQL 多实例环境

在 1.2.3 小节中启动的 MySQL 数据库实例其实是一个单实例环境，即只运行了一个 MySQL 数据库的服务。MySQL 允许在同一个宿主机上运行多个 MySQL 数据库服务，这就是 MySQL 的多实例环境。

1.4.1　数据库和实例

数据库是用来存储数据的，数据库实例是用来操作数据的。从操作系统的角度来看，数据库实例表现为一个进程，对应多个线程。在非集群数据库架构中，数据库与数据库实例存在一一对应关系。在数据库集群中，可能存在多个数据库实例操作一个数据库的情况，即多对一关系。

1.4.2　多实例的定义

多实例就是在一台服务器上开启多个不同的服务端口（默认 3306），运行多个 MySQL 的服务进程，此服务进程通过不同的 Socket 监听不同的服务端口来提供各自的服务。所有实例之间共同使用一套 MySQL 的安装程序，但各自使用不同的配置文件、启动程序、数据文件等，在逻辑上是相对独立的。

多实例主要作用是：充分利用现有的服务器硬件资源，为不同的服务提供数据服务，但是如果某个实例并发比较高，同样是会影响其他实例的性能。

1.4.3　【实战】通过官方工具"mysqld_multi" 来运行 MySQL 多实例

这里将在 3307、3308 和 3309 的端口上各运行一个 MySQL 实例。

1）创建各实例数据存放的目录，并授权给 MySQL。

```
mkdir -p /opt/multi/data/{3307,3308,3309}
chown -R mysql.mysql /opt/multi/data/
```

2）查看目录结构。

```
tree /opt/multi/data/
```

输出的信息如下。

```
/opt/multi/data/
├── 3307
├── 3308
└── 3309
```

3）初始化 3307 实例。

```
mysqld --initialize --user=mysql \
--datadir=/opt/multi/data/3307 --basedir=/usr/local/mysql
```

4）查看初始化的输出日志。

```
cat /usr/local/mysql/data/error.log
```

输出的信息如下。

```
......
[Server] /usr/local/mysql-8.0.20-linux-glibc2.12-x86_64/bin/
        mysqld (mysqld 8.0.20) initializing of server in progress as process 44056
[Server] --character-set-server: 'utf8' is currently an alias for the character set
UTF8MB3, but
        will be an alias for UTF8MB4 in a future release.
        Please consider using UTF8MB4 in order to be unambiguous.
[InnoDB] InnoDB initialization has started.
[InnoDB] InnoDB initialization has ended.
[Server] A temporary password is generated forroot@ localhost: )ceJ8dwhUUyp
```

5）按照同样方式初始化 3308 实例和 3309 实例。

```
mysqld --initialize --user=mysql \
--datadir=/opt/multi/data/3308 --basedir=/usr/local/mysql
mysqld --initialize --user=mysql \
--datadir=/opt/multi/data/3309 --basedir=/usr/local/mysql
```

6）修改 MySQL 的配置文件 "/etc/my. cnf"，增加下面的内容。

```
[mysqld_multi]
mysqld=/usr/local/mysql/bin/mysqld_safe
mysqladmin=/usr/local/mysql/bin/mysqladmin

[mysqld3307]
datadir=/opt/multi/data/3307
socket=/opt/multi/data/3307/mysql_3307.sock
basedir=/usr/local/mysql
port=3307
pid-file=/opt/multi/data/3307/mysql_3307.pid
character-set-server=utf8
```

```
log-error=/opt/multi/data/3307/mysql_3307.log

[mysqld3308]
datadir=/opt/multi/data/3308
socket=/opt/multi/data/3308/mysql_3308.sock
basedir=/usr/local/mysql
port=3308
pid-file=/opt/multi/data/3308/mysql_3308.pid
character-set-server=utf8
log-error=/opt/multi/data/3308/mysql_3308.log

[mysqld3309]
datadir=/opt/multi/data/3309
socket=/opt/multi/data/3309/mysql_3309.sock
basedir=/usr/local/mysql
port=3309
pid-file=/opt/multi/data/3309/mysql_3309.pid
character-set-server=utf8
log-error=/opt/multi/data/3309/mysql_3309.log
```

7）启动 MySQL 的各个实例。

```
mysqld_multi start 3307
mysqld_multi start 3308
mysqld_multi start 3309
```

8）查看各个实例监听的端口。

```
ss -antlp | grep mysqld
```

输出的信息如下。

```
LISTEN  0  128  :::3307    :::*   users:(("mysqld",pid=44633,fd=30))
LISTEN  0  128  :::3308    :::*   users:(("mysqld",pid=44968,fd=30))
LISTEN  0  128  :::3309    :::*   users:(("mysqld",pid=45303,fd=30))
LISTEN  0  70   :::33060   :::*   users:(("mysqld",pid=42578,fd=30))
LISTEN  0  128  :::3306    :::*   users:(("mysqld",pid=42578,fd=32))
```

9）登录 3307 的 MySQL 实例。

```
mysql -uroot -p')ceJ8dwhUUyp'-S /opt/multi/data/3307/mysql_3307.sock
```

• 提示 •

MySQL root 用户的初始密码已经在第 4）步中得到。

10）修改 MySQL 3307 实例 root 用户的密码。

```
mysql> alter user user() identified by "Welcome_1";
```

11）重复第9）步和第10）步分别登录3308和3309端口上的MySQL实例，并修改root用户的密码。

12）从3307端口上的MySQL实例为例，查看MySQL实例的状态。

```
mysqld_multi report 3307
```

输出的信息如下。

```
Reporting MySQL servers
MySQL server from group:mysqld3307 is running
```

第2章　详解InnoDB存储引擎

InnoDB 存储引擎目前是 MySQL 默认的存储引擎，它主要由三部分组成，分别是存储结构、内存结构和线程结构。本章将详解 InnoDB 存储引擎的这三个部分以及它们各自的作用。

2.1　InnoDB 的存储结构

InnoDB 的存储结构可以分为逻辑存储结构和物理存储结构。下面分别进行介绍。

2.1.1　逻辑存储结构

InnoDB 存储引擎的逻辑存储结构和 Oracle 大致相同，所有创建的表都存放在一个空间中，称为表空间（tablespace）。表空间又由段（segment）、区（extent）、页（page）组成。InnoDB 存储引擎的逻辑存储结构大致如图 2-1 所示。

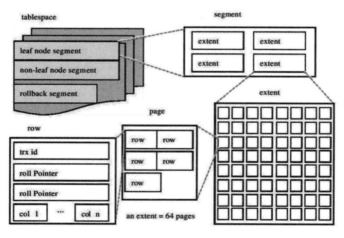

● 图　2-1

1）表空间。表空间可以看作是 InnoDB 存储引擎逻辑结构的最高层，所有的数据都是存放在表空间中。默认情况下 InnoDB 存储引擎有一个共享表空间 ibdata1，用于存放撤销（Undo）信息、系统事务信息、二次写缓冲（Double Write Buffer）数据等。下面展示了该表空间所对应的物理文件。

```
[root@ mysql11 data]#cd /usr/local/mysql/data/
[root@ mysql11 data]#ll ibdata1
-rw-r-----. 1 mysql mysql 12582912 Feb 19 21:11 ibdata1
```

如果启用了参数"innodb_file_per_table",则每张表内的数据可以单独放到一个表空间内。该参数也是默认启用的。

```
mysql> show variables like 'innodb_file_per_table';
```

输出的信息如下。

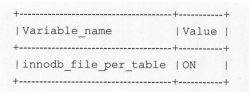

Variable_name	Value
innodb_file_per_table	ON

> **提示**
>
> 对于启用 innodb_file_per_table 的参数选项,需要注意的是,每张表的表空间内存放的只是数据、索引和插入缓冲的数据,而撤销信息、系统事务信息、二次写缓冲数据等还是存放在原来的共享表空间内。这也就说明了另一个问题:即使在启用了参数 innodb_file_per_table 之后,共享表空间还是会不断地增加其大小。

2)段。图 2-1 中显示了表空间是由各个段组成的。常见的段有数据段、索引段、回滚段等。InnoDB 存储引擎表是用索引组织的(Index Organized)。因此,数据即索引,索引即数据。

与 Oracle 不同的是,InnoDB 存储引擎对于段的管理是由引擎本身完成的。这和 Oracle 的自动段空间管理(ASSM)类似,没有手动段空间管理(MSSM)的方式,这从一定程度上简化了 DBA(Database Administrator,数据库管理员)的管理。

> **提示**
>
> 需要注意的是,并不是每个对象都有段。因此,更准确地说,表空间是由分散的页和段组成。

3)区。区是由连续的页组成,是物理上连续分配的一段空间,每个区的大小固定是 1MB。对于大的数据段,InnoDB 存储引擎最多每次可以申请 4 个区,以此来保证数据的顺序性能。

4)页。InnoDB 的最小物理存储分配单位是页,页的默认大小是 16KB,可以通过下面的方式查看。

```
mysql> show variables like 'innodb_page_size';
```

输出的信息如下。

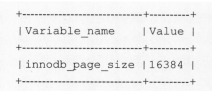

Variable_name	Value
innodb_page_size	16384

常见的页类型有：
- 数据页（B-Tree Node）。
- Undo 页（Undo Log Page）。
- 系统页（System Page）。
- 事务数据页（Transaction System Page）。
- 插入缓冲位图页（Insert Buffer Bitmap）。
- 插入缓冲空闲列表页（Insert Buffer Free List）。
- 未压缩的二进制大对象页（Uncompressed BLOB Page）。
- 压缩的二进制大对象页（Compressed BLOB Page）。

5）行。InnoDB 存储引擎是面向行的（row-oriented），也就是说数据的存放按行进行。每个页存放的行记录也是有硬性定义的，最多允许存放 16×1024/2-200 行的记录，即 7992 行记录。

2.1.2　物理存储结构

MySQL 与 Oracle 一样都是通过逻辑存储结构来管理物理存储结构，即管理硬盘上存储的各种文件。下面详细介绍 InnoDB 存储引擎中的各种文件。

1. 数据文件

".ibd" 文件和 ibdata 文件，这两种文件都是存放 Innodb 数据的文件。之所以有两种文件来存放 Innodb 数据（包括索引），是因为 Innodb 的数据存储方式能够通过配置来决定是使用共享表空间存储数据，还是独享表空间存储数据。

> **提示**
>
> 当使用 InnoDB 存储引擎时，如果在配置文件中没有启用参数 innodb_file_per_table，默认情况下，使用 InnoDB 存储引擎的表都将数据存在 ibdata1 文件中。但是如果开启了 innodb_file_per_table 参数，则表示每个 InnoDB 表将单独使用一个目录来存放表的数据文件。

2. 重做日志文件

重做日志（redo log）文件是 InnoDB 存储引擎生成的日志，主要为了保证数据的可靠性和事务的持久性。每个 redo log file 默认的大小是 1GB，由参数 "innodb_log_file_size" 参数决定。

```
mysql> show variables like "innodb_log_file_size";
```

输出的信息如下。

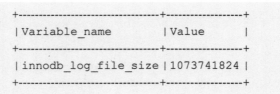

```
+--------------------------+------------+
|Variable_name             |Value       |
+--------------------------+------------+
|innodb_log_file_size      |1073741824  |
+--------------------------+------------+
```

而 redo log 文件存放的路径由参数 "innodb_log_group_home_dir" 决定。

```
mysql> show variables like "innodb_log_group_home_dir";
```

输出的信息如下。

```
+-----------------------------------+----------+
|Variable_name                      |Value |
+-----------------------------------+----------+
| innodb_log_group_home_dir | ./    |
+-----------------------------------+----------+
```

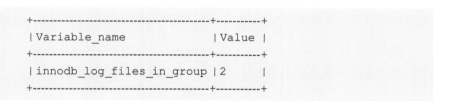

> **提示**
>
> redo log 文件与 MySQL 的数据文件默认存放在同一个目录下，例如：
>
> ```
> [root@ mysql11 data]#pwd
> /usr/local/mysql/data
> [root@ mysql11 data]#ll ib_logfile*
> -rw-r-----. 1 mysql mysql 1073741824 Feb 20 20:11 ib_logfile0
> -rw-r-----. 1 mysql mysql 1073741824 Feb 19 11:22 ib_logfile1
> ```
>
> 这里可以看到有两个 ib_logfile 开头的文件，它们就是 log group 中的 redo log file。

MySQL 与 Oracle 一样都采用重做日志组的方式来管理 redo log 文件。一个组内由多个大小完全相同的 redo log file 组成，组内 redo log file 的数量由变量"innodb_log_files_group"决定，默认值为 2。

```
mysql> show variables like "innodb_log_files_in_group";
```

输出的信息如下。

```
+-------------------------------------+----------+
|Variable_name                        |Value |
+-------------------------------------+----------+
| innodb_log_files_in_group |2     |
+-------------------------------------+----------+
```

3. 撤销日志文件

撤销日志（undo log）文件中记录的是旧版本的数据，当对记录做了变更操作时就会产生 undo 记录。当一个旧的事务需要读取数据时，为了能读取到老版本的数据，需要顺着 undo 链找到满足其要求的数据记录。

从 MySQL 8.0 版本开始，MySQL 默认对 undo 进行了分离操作。也就是说，不需要在初始化中手动配置参数，默认会在 MySQL 数据目录下生成两个 10MB 的 undo 表空间文件"undo_001"和"undo002"，并且可以在线地增加和删除 undo 表空间文件进行动态扩容和收缩。

```
[root@ mysql11 data]#pwd
/usr/local/mysql/data

[root@ mysql11 data]#ll undo_00*
-rw-r-----. 1 mysql mysql 10485760 Feb 20 20:11 undo_001
-rw-r-----. 1 mysql mysql 10485760 Feb 20 20:11 undo_002
```

redo log 与 binlog（二进制日志）的区别如下。

- redo log 是在 InnoDB 存储引擎层产生的，而 binlog 是 MySQL 数据库的上层应用产生的。并且 binlog 不仅仅针对 InnoDB 存储引擎，MySQL 数据库中的任何存储引擎对于数据库的更改都会产生 binlog。
- 两种日志记录的内容形式不同。binlog 是逻辑日志，其记录的是对应的 SQL 语句。而 InnoDB 存储引擎层面的 redo olg 是物理日志。
- 两种日志与记录写入磁盘的时间点不同，binlog 只在事务提交完成后进行一次写入。而 InnoDB存储引擎的 redo log 在事务进行中不断地被写入，并且日志不是随事务提交的顺序进行写入的。
- binlog 不是循环使用的，在写满或者重启之后，会生成新的 binlog 文件；redo log 是循环使用的。
- binlog 可以作为恢复数据使用，主从复制搭建；redo log 作为异常宕机或者介质故障后的数据恢复使用。

4. 参数文件

在 MySQL 启动时，数据库会先去读一个配置参数文件，用来寻找数据库的各种文件所在位置以及指定某些初始化参数。在默认情况下，MySQL 会按照一定的顺序在指定的位置进行读取，通过下面的语句可以查看读取参数文件的顺序。

```
mysql --help | grep my.cnf
```

输出的信息如下。

```
/etc/my.cnf /etc/mysql/my.cnf /usr/local/mysql/etc/my.cnf ~/.my.cnf
```

> 提示
>
> 如果想指定默认的参数文件，需要配合--defaults-file 选项，如：
>
> ```
> mysqld --defaults-file=/etc/my3306.cnf &
> ```

在 my.cnf 文件中，参数分为 Server Section 和 Client Section 两块，表 2-1 列出了一些主要的参数及其含义。

表 2-1

参数名	参 考 值	参 数 详 解
Server Section		
port	3306	指定 MySQL 使用的默认端口号
basedir	/usr/local/mysql	MySQL 安装目录的路径
datadir	/usr/local/mysql/data	MySQL 服务器数据目录的路径
log-error	/usr/local/mysql/data/error.log	错误日志文件名

（续）

参数名	参　考　值	参　数　详　解
socket	/tmp/mysql. sock	用于本地连接的 socket 套接字
pid-file	/usr/local/mysql/data/ mysql. pid	MySQL 进程标识文件名，如果没指定目录，则存放在数据目录下
character-set- server	utf8	服务器端默认使用的字符集
lower_case_ table_names	1	控制表名、字段名的大小写。它可以有 3 个值： 0：大小写敏感。 1：比较名字时：忽略大小写，但创建表时，大写字母也转为小写字母。 2：比较名字时忽略大小写，创建表时，维持原样
innodb_log_ file_size	1GB	日志组中每个日志文件的大小
default-storage- engine	InnoDB	MySQL 的默认存储引擎
default_authenti- cation_plugin	mysql_native_password	默认使用 "mysql_native_password" 插件认证
Client Section		
port	3306	指定 MySQL 使用的默认端口号
default-character-set	utf8	指定 MySQL 客户端的字符串

> **提示**
>
> MySQL 把参数分为两类：动态参数和静态参数。
> - 动态参数：MySQL 在运行的过程中可以对参数进行在线修改。可以通过命令 set global 或者 set session 两个命令在数据库中完成设置。
> - 静态参数：是指无法在线修改参数。

5. 错误日志

类似 Oracle 的告警日志，MySQL 的错误日志文件对 MySQL 的启动、运行、关闭过程中出现的问题进行了记录。执行下面的语句查看 MySQL 的错误日志。

```
mysql> show variables like 'log_error';
```

输出的信息如下。

```
+----------------------+------------------------------------+
|Variable_name         |Value                               |
+----------------------+------------------------------------+
|log_error             |/usr/local/mysql/data/error.log|
+----------------------+------------------------------------+
```

> **提示**
>
> 也可以通过下面语句查看错误日志。

```
mysql> select @ @ innodb_page_size;
```

下面通过一个简单的例子来说明如何使用错误日志。

1）创建一个新的数据库，并在数据库中创建一张表。

```
mysql> create database testdb;
mysql> use testdb;
mysql> create table t1(c1 int);
```

2）删除数据库 testdb 对应的目录。

```
cd /usr/local/mysql/data/
rm -rf testdb/
```

3）重启 MySQL。

```
systemctl restart mysqld
```

4）查看错误日志文件。

```
vi /usr/local/mysql/data/error.log
```

错误日志中将包含下面的信息。

```
Tablespace 2, name 'testdb/t1', file './testdb/t1.ibd' is missing!
```

6. 二进制日志（binlog）

binlog 文件记录了对 MySQL 数据库执行更改的所有操作，但是不包括 SE-
LECT 和 SHOW 这类操作，因为这类操作对数据本身并没有修改。binlog 的主
要作用如下。

- 可以完成主从复制。在主服务器上把所有修改数据的操作记录到 binlog 中，通过网络发送给
  从服务器，从而达到主从同步的目的。
- 进行恢复操作。数据可以通过 binlog 文件，使用 mysqlbinlog 命令，实现基于时间点和位置
  的恢复操作。

表 2-2 列举了 binlog 文件的三种模式。

表 2-2

binlog 的模式	模式的含义
STATEMENT 模式（SBR）	每一条修改数据的 SQL 语句会记录到 binlog 中。优点是并不需要记录每一条 SQL 语句和每一行的数据变化，减少了 binlog 日志量，节约 I/O，提高性能。缺点是在某些情况下会导致主从复制中的数据不一致
ROW 模式（RBR）	不记录每条 SQL 语句的上下文信息，仅需记录哪条数据被修改了，修改成什么样了，而且不会出现某些特定情况下的存储过程、存储函数或者触发器的调用问题。缺点是会产生大量的日志，尤其是 alter table 的时候会让日志暴涨

（续）

binlog 的模式	模式的含义
MIXED 模式（MBR）	以上两种模式的混合使用，一般的复制使用 STATEMENT 模式保存 binlog，对于 STATE-MENT 模式无法复制的操作使用 ROW 模式保存 binlog，MySQL 会根据执行的 SQL 语句选择日志保存方式

与 binlog 非常相似的一个概念叫作 redo log，表 2-3 列出了二者的区别。

表 2-3

binlog	redo log
binlog 是 MySQL 数据库的上层应用产生的，并且 binlog 不仅仅针对 InnoDB 存储引擎，MySQL 数据库中的任何存储引擎对于数据库的更改都会产生 binlog	redo log 是在 InnoDB 存储引擎层产生的
binlog 是逻辑日志，其对应的是 SQL 语句	InnoDB 存储引擎层面的 redo log 是物理日志
binlog 只在事务提交完成后进行一次写入	redo log 在事务进行中不断地被写入，并且日志不是随事务提交的顺序进行写入的
binlog 不是循环使用的，在写满或者重启之后，会生成新的 binlog 文件	redo log 是循环使用的
binlog 可以作为恢复数据使用，主从复制的搭建	redo log 作为异常宕机或者介质故障后的数据恢复使用

下面通过一个简单的例子来说明 binlog 的作用。

1）查看 MySQL 是否启用 binlog。

```
mysql> show variables like '% log_bin% ';
```

输出的信息如下。

```
+--------------------+---------------------------------------+
| Variable_name      | Value                                 |
+--------------------+---------------------------------------+
| log_bin            | ON                                    |
| log_bin_basename   | /usr/local/mysql/data/binlog          |
| log_bin_index      | /usr/local/mysql/data/binlog.index    |
+--------------------+---------------------------------------+
```

其中：

- log_bin：表示是否开启了 binlog。
- log_bin_basename：binlog 文件的基本文件名，最终生成的 binlog 文件会追加标识来表示每一个文件。
- log_bin_index：指定的是 binlog 文件的索引文件，这个文件管理了所有 binlog 文件的目录。

・ 💾 提示 ・

从 MySQL 8 开始默认启用了 binlog。但是在 MySQL 8 之前的版本中，并没有默认开启 binlog。需要修改 my.cnf 文件增加下面的参数，并重启 MySQL 以启用 binlog。

```
log-bin=mysql-binlog
server-id=1
```

注意：这里的 mysql-binlog 是生成的 binlog 文件名。

2）将 binlog 的模式设置为 STATEMENT，即每条改变数据的语句都被记录到 binlog 中。

```
mysql> set binlog_format = 'STATEMENT';
```

・ 💾 提示 ・

binlog_format 参数的默认值是 ROW 模式，执行下面的语句：

```
mysql> select @@binlog_ format;
```

输出的信息如下。

```
+---------------------------+
| @ @ binlog_format         |
+---------------------------+
| ROW                       |
+---------------------------+
```

3）查看当前的 binlog 文件。

```
mysql> show master status \G;
```

输出的信息如下。

```
*************************** 1. row ***************************
          File:binlog.000010
       Position: 12255
   Binlog_Do_DB:
 Binlog_Ignore_DB:
Executed_Gtid_Set: 3f332e68-9d5c-11ec-9a32-000c298c28d2:1-176384
1 row in set (0.00 sec)
```

4）创建测试表，并插入测试数据。

```
mysql> use demo1;
mysql> create table test4(tid int,tname varchar(10),money int);
mysql> insert into test4 values(1,'Tom',1000);
```

5）修改数据。

```
mysql> update test4 set money=1234 where tid=1;
```

6）查看 binlog 中记录的日志信息。

```
mysql> show binlog events in 'binlog.000010';
```

输出的信息如下。

```
use 'demo1'; create table test4(tid int,tname varchar(10),money int)
SET @ @ SESSION.GTID_NEXT = 'ANONYMOUS'
BEGIN
use 'demo1'; insert into test4 values(1,'Tom',1000)
COMMIT /* xid=27 * /
SET @ @ SESSION.GTID_NEXT = 'ANONYMOUS'
BEGIN
use `demo1`; update test4 set money=1234 where tid=1
COMMIT /* xid=28 * /
```

> **提示**
>
> 也可以通过下面的语句直接查看 binlog 文件信息。
>
> ```
> mysqlbinlog --no-defaults binlog.000001
> ```

7. 慢查询日志

慢查询日志可以把超过参数"long_query_time"时间的所有 SQL 语句记录进来，帮助 DBA 人员优化有问题的 SQL 语句。通过 mysqldumpslow 工具可以查看慢查询日志。

下面通过具体的步骤来说明如何使用慢查询日志。

1）查看是否开启了慢查询日志功能。

```
mysql> show variables like '% slow_query% ';
```

输出的信息如下。

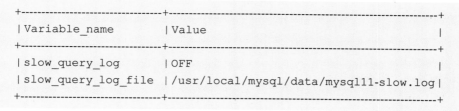

```
+-------------------------------+---------------------------------------------+
| Variable_name                 | Value                                       |
+-------------------------------+---------------------------------------------+
| slow_query_log                | OFF                                         |
| slow_query_log_file           | /usr/local/mysql/data/mysql11-slow.log      |
+-------------------------------+---------------------------------------------+
```

其中：
- slow_query_log：为查看慢查询开启状态。
- slow_query_log_file：指定慢查询日志存放的位置。

> **提示**
>
> 可以通过设置参数"long_query_time"来指定查询超过多少秒才记录，该参数的默认值是10秒。

2）临时启用慢查询日志。

```
mysql> set global slow_query_log='ON';
mysql> set session long_query_time=2;
```

> 📖 **提示**
>
> 如果需要永久启用慢查询日志，可以修改配置文件"/etc/mysql.cnf"，增加下面的内容并重启 MySQL。
>
> ```
> [mysqld]
> slow_query_log = ON
> slow_query_log_file = /usr/local/mysql/data/mysql11-slow.log
> long_query_time = 2
> ```

3）查看当前慢查询日志的设置情况。

```
mysql> show variables like '% slow_query_log% ';
```

输出的信息如下。

```
+----------------------------+-----------------------------------------------+
|Variable_name               |Value                                          |
+----------------------------+-----------------------------------------------+
|slow_query_log              |ON                                             |
|slow_query_log_file         |/usr/local/mysql/data/mysql11-slow.log|
+----------------------------+-----------------------------------------------+
```

```
mysql> show variables like '% long_query_time% ';
```

输出的信息如下。

```
+-------------------------+---------------+
|Variable_name            |Value          |
+-------------------------+---------------+
|long_query_time          |2.000000       |
+-------------------------+---------------+
```

4）手动触发一个慢查询。

```
mysql> select sleep(3);
```

5）查看慢查询日志。

```
cat /usr/local/mysql/data/mysql11-slow.log
```

输出的信息如下。

```
/usr/local/mysql/bin/mysqld, Version: 8.0.20 (MySQL Community Server - GPL). started with:
Tcp port: 3306   Unix socket: /tmp/mysql.sock

Time              Id Command    Argument
```

```
# Time: 2022-02-20T03:37:12.626943Z
#User@ Host: root[root] @ localhost []  Id:    8
# Query_time:3.000572Lock_time: 0.000000 Rows_sent:1 Rows_examined: 1

use demo1;
SET timestamp=1645328229;
select sleep(3);
```

> **提示**
>
> 慢查询日志也可以使用"mysqldumpslow"指令进行查看,例如:
>
> mysqldumpslow /usr/local/mysql/data/mysql11-slow.log

8. 全量日志

全量日志（general log）会记录 MySQL 数据库所有操作的 SQL 语句,包含 select 和 show。下面通过具体的步骤来演示如何使用全量日志。

1）查看是否启用全量日志。

```
mysql> show variables like '% general_log% ';
```

输出的信息如下。

```
+---------------------------+---------------------------------------------+
| Variable_name             | Value                                       |
+---------------------------+---------------------------------------------+
| general_log               | OFF                                         |
| general_log_file          | /usr/local/mysql/data/mysql11.log           |
+---------------------------+---------------------------------------------+
```

2）启用全量日志。

```
mysql> set global general_log=ON;
```

3）执行查询。

```
mysql> show databases;
mysql> use demo1;
mysql> select *  from test2;
```

4）查看全量日志。

```
cat /usr/local/mysql/data/mysql11.log
```

输出的信息如下。

```
/usr/local/mysql/bin/mysqld, Version: 8.0.20 (MySQL Community Server - GPL).
started with:
Tcp port: 3306  Unix socket: /tmp/mysql.sock
```

```
Time                           Id Command      Argument
2022-02-20T03:42:50.496566Z     8 Query   show databases
2022-02-20T03:42:50.498045Z     8 Query   SELECT DATABASE()
2022-02-20T03:42:50.498210Z     8 Init DB  demo1
2022-02-20T03:42:51.576117Z     8 Query   select *  from test2
```

9. 中继日志

主从复制中，中继日志是从服务器上一个很重要的文件。主从复制的工作原理分为以下 3 个步骤。

1）主服务器（master）把数据更改记录到二进制日志（binlog）中。

2）从服务器（slave）把主服务器的二进制日志复制到自己的中继日志（relay log）中。

3）从服务器重做中继日志中的日志，把更改应用到自己的数据库上，以达到数据的最终一致性。

下面的语句将列出中继日志的相关参数。

```
mysql> show variables like '% relay% ';
```

输出的信息如下。

```
+---------------------------------+--------------------------------------------------+
| Variable_name                   | Value                                            |
+---------------------------------+--------------------------------------------------+
| max_relay_log_size              | 0                                                |
| relay_log                       | mysql11-relay-bin                                |
| relay_log_basename              | /usr/local/mysql/data/mysql11-relay-bin          |
| relay_log_index                 | /usr/local/mysql/data/mysql11-relay-bin.index    |
| relay_log_info_file             | relay-log.info                                   |
| relay_log_info_repository       | TABLE                                            |
| relay_log_purge                 | ON                                               |
| relay_log_recovery              | OFF                                              |
| relay_log_space_limit           | 0                                                |
| sync_relay_log                  | 10000                                            |
| sync_relay_log_info             | 10000                                            |
+---------------------------------+--------------------------------------------------+
```

> **提示**
>
> 关于 MySQL 的主从复制将在第 8 章进行详细介绍。

10. PID 文件

当 MySQL 实例启动时，会将自己的进程 ID 写入一个文件中，该文件即为 PID 文件。该文件由参数 pid_file 控制，默认位于数据库目录下。下面的语句将查看 MySQL 数据库 PID 文件的位置。

```
mysql> show variables like '% pid% ';
```

输出的信息如下。

```
+----------------------+------------------------------------------------+
| Variable_name | Value                                          |
+----------------------+------------------------------------------------+
| pid_file             | /usr/local/mysql/data/mysql.pid |
+----------------------+------------------------------------------------+
```

下面的语句将查看 PID 文件的内容。

```
mysql> system cat /usr/local/mysql/data/mysql.pid
44764
```

11. Socket 文件

在 UNIX 系统下本地连接 MySQL 可以采用 UNIX 域套接字方式，这种方式需要一个套接字（socket）文件，由参数 socket 控制。

```
mysql> show variables like 'socket';
```

输出的信息如下。

```
+----------------------+------------------------+
| Variable_name | Value                  |
+----------------------+------------------------+
| socket               | /tmp/mysql.sock |
+----------------------+------------------------+
```

12. 表结构文件

在 MySQL 8 以前的版本中，数据的存储是根据表进行的，每个表都会有与之对应的文件。但不论采用何种存储引擎，MySQL 都有一个以 frm 为后缀名的文件，这个文件记录了该表的表结构定义。frm 可以存放视图的定义，存放视图定义的 frm 文件是文本文件，可以直接用 cat 查看。例如：

1）创建视图。

```
mysql> create view myview
    as
    select empno,ename,sal,dname
    from emp,dept
    where emp.deptno=dept.deptno;
```

2）查看"myview.frm"文件。

```
cd /var/lib/mysql/demo
more myview.frm
```

输出的信息如下。

```
TYPE=VIEW
query=select `demo`.`emp`.`empno` AS `empno`,`demo`.`emp`.`ename` AS `ename`,`
demo`.`emp`.`sal` AS `sal`,`demo`.`de
pt`.`dname` AS `dname` from `demo`.`emp` join `demo`.`dept` where (`demo`.`emp`.`
deptno` = `demo`.`dept`.`deptno`)
```

```
md5=84f5da76954a8a69a5ed87d44a1ca8f6
updatable=1
algorithm=0
definer_user=root
definer_host=localhost
suid=2
with_check_option=0
timestamp=2022-02-20 04:00:08
create-version=1
source=select empno,ename,sal,dname \nfrom emp,dept \nwhere emp.deptno=dept.deptno
client_cs_name=utf8
connection_cl_name=utf8_general_ci
view_body_utf8=select `demo`.`emp`.`empno` AS `empno`,`demo`.`emp`.`ename` AS `
ename`,`demo`.`emp`.`sal` AS `sal`,`
 demo`.`dept`.`dname` AS `dname` from `demo`.`emp` join `demo`.`dept` where (`demo
`.`emp`.`deptno` = `demo`.`dept`.`
 deptno`)
```

提示

这里需要使用 MySQL 8 以前的版本。因为从 MySQL 8 版本开始所有数据库对象的元信息都保存到了系统表空间中。

2.2 InnoDB 的内存结构

实际上 MySQL 内存的组成和 Oracle 类似，也可以分为 SGA（系统全局区）和 PGA（程序缓存区）。通过下面语句可以进行查看。

```
mysql> show variables like '% buffer% ';
```

输出的信息如下。

```
+----------------------------------------+-----------------+
| Variable_name                          | Value           |
+----------------------------------------+-----------------+
| bulk_insert_buffer_size                | 8388608         |
| innodb_buffer_pool_chunk_size          | 134217728       |
| innodb_buffer_pool_dump_at_shutdown    | ON              |
| innodb_buffer_pool_dump_now            | OFF             |
| innodb_buffer_pool_dump_pct            | 25              |
| innodb_buffer_pool_filename            | ib_buffer_pool  |
| innodb_buffer_pool_in_core_file        | ON              |
```

```
| innodb_buffer_pool_instances       | 1          |
| innodb_buffer_pool_load_abort      | OFF        |
| innodb_buffer_pool_load_at_startup | ON         |
| innodb_buffer_pool_load_now        | OFF        |
| innodb_buffer_pool_size            | 134217728  |
| innodb_change_buffer_max_size      | 25         |
| innodb_change_buffering            | all        |
| innodb_log_buffer_size             | 16777216   |
| innodb_sort_buffer_size            | 1048576    |
| join_buffer_size                   | 262144     |
| key_buffer_size                    | 8388608    |
| myisam_sort_buffer_size            | 8388608    |
| net_buffer_length                  | 16384      |
| preload_buffer_size                | 32768      |
| read_buffer_size                   | 131072     |
| read_rnd_buffer_size               | 262144     |
| sort_buffer_size                   | 262144     |
| sql_buffer_result                  | OFF        |
+------------------------------------+------------+
```

2.2.1　SGA 与 PGA 中的缓冲区

表 2-4 列举了 SGA 中的缓冲区以及它们的作用。

表 2-4

缓 冲 区	作　用
innodb_buffer_pool_size	缓存 InnoDB 表的数据、索引，以及数据字典等信息
innodb_log_buffer_size	事务在内存中的缓冲，即 red log buffer 的大小
query_cache	高速查询缓存，在生产环境中建议关闭

表 2-5 列举了 PGA 中的缓冲区以及它们的作用。

表 2-5

缓 冲 区	作　用
innodb_sort_buffer_size	主要用于 SQL 语句在内存中的临时排序
join_buffer_size	表连接使用，用于优化索引。从 MySQL 5.6 之后开始支持
read_buffer_size	表顺序扫描的缓冲，只能应用于 MyISAM 表存储引擎
read_rnd_buffer_size	MySQL 随机读取缓冲区大小，用于减少磁盘的随机访问

2.2.2　Buffer 缓冲区的状态

页是 InnoDB 磁盘的最小单位，数据都存放在页中，对应到内存中就是一个个 Buffer。表 2-6 列出的是 Buffer 的不同状态值。

表 2-6

Buffer 的状态	状态的含义
freeBuffer	该 Buffer 未被使用
cleanBuffer	内存中的 Buffer 与磁盘中页的数据一致
dirtyBuffer	内存中的数据还未被刷新到磁盘，和磁盘中的数据不一致

Buffer 由链表来管理。由于 Buffer 存在 3 种不同的状态，因此产生出 3 种不同的链表。表 2-7 列举了这 3 种链表以及它们的作用。

表 2-7

链表的类型	作　用
free list	把 freeBuffer 串联起来。如果使用时不够用，将从 lru list 和 flush list 中释放出 freeBuffer
lru list	把最近少访问到的 cleanBuffer 串联起来
flush list	把 dirtyBuffer 串联起来，方便线程将数据刷新到磁盘

2.2.3　内存的刷新机制

在了解了 MySQL 内存缓冲区后，就可以进一步深入讨论内存的刷新机制了。与 Oracle 类似，MySQL 也是采用检查点（checkpoint）的方式来刷新内存。

1. MySQL 检查点的类型

在 InnoDB 存储引擎中，有两种 checkpoint。

- Sharp Checkpoint（完全检查点）。将内存中所有脏页全部写入磁盘就是完全检查点，比如数据库实例关闭时。
- Fuzzy Checkpoint（模糊检查点）。将部分脏页写入磁盘就是模糊检查点，数据库实例运行过程产生的检查点基本上就是这种类型的检查点。MySQL 的模糊检查点相当于 Oracle 中的增量检查点。

> 提示
>
> 由于完全检查点比较简单，这里重点讨论一下模糊检查点。

2. MySQL 的模糊检查点

MySQL 的模糊检查点会在以下 4 种条件下被触发。

1）每隔 1 秒或者每隔 10 秒，将强制执行模糊检查点。这个过程是周期性异步的，不会阻塞用户查询，不影响业务；但每次执行检查点刷新的脏页量比较小。由参数"innodb_io_capacity"来控制每次刷新脏页的数量，默认值是 200。

```
mysql> show variables like 'innodb_io_capacity';
```

输出的信息如下。

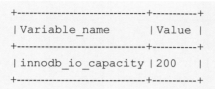

```
+-----------------------------+----------+
|Variable_name                |Value     |
+-----------------------------+----------+
|innodb_io_capacity           |200       |
+-----------------------------+----------+
```

2）当 LRU 队列的列表中空闲页不足时，将强制执行模糊检查点。用户可以通过参数"innodb_lru_scan_depth"控制 LRU 列表中可用页的数量，默认值是 1024。如果 LRU 队列中不满足这一条件，InnoDB 引擎将会移除 LRU 列表尾端的页。如果这些页中有脏数据，则执行模糊检查点。

```
mysql> show variables like 'innodb_lru_scan_depth';
```

输出的信息如下。

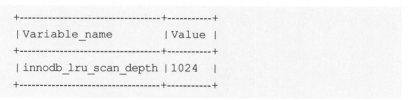

```
+--------------------------------+----------+
|Variable_name                   |Value     |
+--------------------------------+----------+
|innodb_lru_scan_depth           |1024      |
+--------------------------------+----------+
```

3）当重做日志 redo log 不够用时，将强制执行模糊检查点。重做日志有两个水位：

- 异步水位：75% × innodb 的总大小。
- 同步水位：90 × innodb 大小。

当这两个事件中的任何一个发生时，都会记录到 error log 中。一旦 error log 出现这种日志提示，一定需要加大日志文件的大小。

4）系统中整体脏页达到一定比例，将强制执行模糊检查点。使用参数"innodb_dirty_page_pct"来控制内存 Buffer 中脏数据的比例，在 MySQL 8 中该参数的默认值是90%。当超过这一比例时，会执行模糊检查点。

```
mysql> show variables like 'innodb_max_dirty_pages_pct';
```

输出的信息如下。

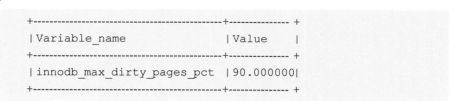

```
+------------------------------------+--------------+
|Variable_name                       |Value         |
+------------------------------------+--------------+
|innodb_max_dirty_pages_pct          |90.000000     |
+------------------------------------+--------------+
```

2.3　InnoDB 的线程结构

InnoDB 的线程结构主要分为主线程结构、I/O 线程结构和其他线程结构。下面分别介绍它们。

2.3.1　主线程结构

后台线程中的主线程（master thread），优先级别最高。

主线程内部有 4 个循环：主循环（loop）、后台循环（background loop）、刷新循环（flush loop）和暂定循环（suspend loop）。其中最主要的就是主循环（loop），该循环分为每 1 秒操作和每 10 秒操作两种情况。表 2-8 对这两种情况进行了详细的解释。

表 2-8

主循环操作	操作的行为
每 1 秒操作	日志刷新到磁盘，即使事务还没提交。 刷新脏页到磁盘。 执行合并插入缓冲操作。 产生检查点。 删除无用的表缓存。 当前没有操作切换到后台循环（background loop）
每 10 秒操作	日志刷新到磁盘，即使事务还没提交。 刷新脏页到磁盘。 执行合并插入缓冲操作。 产生检查点。 删除无用的 undo

2.3.2　I/O 线程结构

MySQL 有 4 大 I/O 线程，表 2-9 列举了它们的名称和作用。

表 2-9

I/O 线程	线程的作用

read thread	数据库的读请求线程，默认值是 4 个。
	
	```mysql> show variables like 'innodb_read_io_threads';```
	
	输出的信息如下。
	
	```+------------------------+-------+```
	```|Variable_name |Value |```
	```+------------------------+-------+```
	```|innodb_read_io_threads |4 |```
	```+------------------------+-------+```

（续）

I/O 线程	线程的作用
write thread	数据库的写请求线程，默认值是 4 个。 mysql> show variables like 'innodb_write_io_threads';
write thread	输出的信息如下。 ``` +--------------------------------+----------+ | Variable_name |Value | | innodb_write_io_threads| 4 | +--------------------------------+----------+ ```
redo log thread	把日志缓存中的内容刷新到 redo log 文件中
change buffer thread	把插入缓存（change buffer）中的数据刷新到磁盘的数据文件中

2.3.3　其他线程结构

表 2-10 列举了 InnoDB 存储引擎中其他的一些线程以及它们各自的作用。

表 2-10

线 程 名 称	线程的作用
page clean thread	将脏数据写入磁盘，脏数据写入磁盘后相应的 redo 就可以覆盖，然后达到 redo 循环使用的目的。 mysql> show variables like 'innodb_page_cleaners'; 输出的信息如下。 ``` +--------------------------------+----------+ | Variable_name |Value | +--------------------------------+----------+ | innodb_page_cleaners |1 | +--------------------------------+----------+ ```
purge thread	负责删除无用的 undo 页。由于进行 DML 语句操作都会生成 undo，系统需要定期对 undo 页进行清理，这时就需要 purge 操作。purge 默认线程个数是 4 个，最大可调整至 32 个。 mysql> show variables like 'innodb_purge_threads'; 输出的信息如下。 ``` +--------------------------------+----------+ | Variable_name |Value | +--------------------------------+----------+ | innodb_purge_threads |4 | +--------------------------------+----------+ ```
error monitor thread	负责数据库报错的线程
lock monitor thread	负责监控锁的线程

# 第3章　MySQL 用户管理与访问控制

MySQL 是一个多用户管理的数据库，可以为不同用户分配不同的权限，分为 root 用户和普通用户。root 用户为超级管理员，拥有所有权限；而普通用户拥有指定的权限。MySQL 是通过权限表来实现用户对数据库的访问控制的。

3.1　MySQL 的用户管理

在 MySQL 数据库中可以创建不同用户进行数据库的操作。在生产环境下操作数据库时，绝对不可以使用 root 账户连接，而是创建特定的普通用户，并且授予这个普通用户特定的操作权限，然后连接进行操作，主要的操作就是数据的增删改查。

3.1.1　用户管理的重要性

用户管理一直是数据库系统中不可缺少的一个部分，不同用户对数据库功能需求是不同的。出于安全等因素的考虑，使用数据库需要根据不同的用户需求而定制。关键的、重要的数据库功能需要限制部分用户才能使用。

3.1.2　管理 MySQL 的用户

在 MySQL 数据库中，用户信息、用户的密码、删除用户及分配权限等就是存储在 MySQL 数据库的"mysql.user"表中。下面展示了该表的部分字段信息。

```
+----------------------+----------------------+--------+------+-------------+----------+
| Field                | Type                 | Null   | Key  | Default     | Extra    |
+----------------------+----------------------+--------+------+-------------+----------+
| Host                 | char(255)            | NO     | PRI  |             |          |
| User                 | char(32)             | NO     | PRI  |             |          |
| Select_priv          | enum('N','Y')        | NO     |      | N           |          |
| Insert_priv          | enum('N','Y')        | NO     |      | N           |          |
| Update_priv          | enum('N','Y')        | NO     |      | N           |          |
| Delete_priv          | enum('N','Y')        | NO     |      | N           |          |
```

```
| Create_priv    | enum('N','Y') | NO  | | N | | |
| Drop_priv      | enum('N','Y') | NO  | | N | | |
| Reload_priv    | enum('N','Y') | NO  | | N | | |
| Shutdown_priv  | enum('N','Y') | NO  | | N | | |
| Process_priv   | enum('N','Y') | NO  | | N | | |
| File_priv      | enum('N','Y') | NO  | | N | | |
| Grant_priv     | enum('N','Y') | NO  | | N | | |
| ......         | ......        | ...... | | ...... | | ...... |
+----------------+---------------+--------+-----+----------+------+----------+
```

数据库安装配置成功后，MySQL 就创建了几个默认的用户。表 3-1 列举了这些用户以及他们的作用。

表 3-1

用 户 名	用 户 说 明
mysql. infoschema	该用户是 MySQL 数据库的系统用户，用来管理和访问系统自带的 information_ schema 数据库
mysql. session	MySQL 的插件将会使用该用户来访问 MySQL 数据库服务器。客户端不能直接使用该用户进行连接
mysql. sys	用于 MySQL 数据库中对象的定义。使用该用户可避免数据库管理员重命名或者删除 root 用户时发生的问题。客户端不能直接使用该用户进行连接
root	MySQL 的超级用户，用于管理 MySQL 数据库。该用户拥有所有权限，可执行任何操作。不建议使用该用户操作 MySQL 数据库

1. 创建 MySQL 的用户

在 MySQL 中，可以使用 "create user" 语句创建一个新的 MySQL 用户。下面通过一个具体的示例来演示如何在 MySQL 中创建用户。

1）使用 root 用户登录 MySQL。

2）创建一个新的用户 user002。

```
mysql> create user user002 identified by 'Welcome_1';
```

💡 提示

这里的密码使用了明文的形式进行创建。为了更加安全地保护用户的密码，在创建用户时，可以使用密文的形式。在 MySQL 8 中使用 sha1( ) 函数可以生成密码对应的密文。例如：

```
select sha1('Welcome_1');
```

输出的信息如下。

```
+------------------------------------------------+
| sha1('Welcome_1')                              |
+------------------------------------------------+
| d809d427528be8821658f2013dedf69dbe0f23de       |
+------------------------------------------------+
```

3）查询"mysql. user"表中的信息。

```
mysql> use mysql;
mysql> select host,user from user where user ='user002';
```

输出的信息如下。

```
+---------+-------------+
| host    | user        |
+---------+-------------+
| %       | user002     |
+---------+-------------+
```

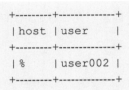提示

此时用户 user002 不具备任何的权限。

4）使用 user002 登录 MySQL 数据库，并查看当前实例上的数据库信息。

```
mysql -uuser002 -pWelcome_1
mysql> show databases;
```

输出的信息如下。

```
+----------------------------------+
| Database                         |
+----------------------------------+
| information_schema               |
+----------------------------------+
```

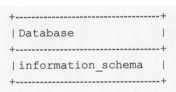提示

从上面的输出可以看出，用户 user002 只能访问 information_schema。

2. 重命名 MySQL 用户

在 MySQL 中，可以使用"rename user"语句修改一个或多个已经存在的 MySQL 用户。下面通过一个具体的示例来演示如何使用该语句。

1）查看"rename user"的使用帮助信息。

```
mysql> help rename user;
```

输出的信息如下。

```
Name:'RENAME USER'
Description:
```

```
Syntax:
RENAME USERold_user TO new_user[, old_user TO new_user] ...
```

其中：

- old_user：MySQL 中已存在的用户。
- new_user：新的 MySQL 用户。

2）将 user002 用户重命名为 user003。

```
mysql> rename user user002 to user003;
```

> **提示**
>
> 若 MySQL 数据库中的旧用户不存在或者新用户已存在，该语句执行时会出现错误。使用 "rename user" 语句，必须拥有 MySQL 数据库的 update 权限或全局 "create user" 权限。

3. 删除 MySQL 用户

当一个用户不再被使用时，可以使用 "drop user" 语句将该用户进行删除。例如：

```
mysql> drop user user003;
```

> **提示**
>
> 这里也可以直接从 "mysql. user" 表中进行删除。
>
> ```
> mysql> use mysql;
> mysql> delete from user where user='user003';
> ```

3.1.3 管理用户的密码

在早期的 MySQL 数据库中，用户的密码是保存在 "mysql. user" 表中的 "password" 字段中。但是从 MySQL 5.7 版本开始 "password" 字段改成 "authentication_ string" 字段。例如，下面的语句将查询 MySQL 中用户的密码。

```
mysql> select host,user,authentication_string from user;
```

输出的信息如下。

```
+----------------------+----------------------+----------------------------------------------------+
| host                 | user                 | authentication_string                              |
+----------------------+----------------------+----------------------------------------------------+
| %                    | root                 | * DA9A17B9F8055D5C1C913421889357F6A35565F7         |
| %                    | user001              | * DA9A17B9F8055D5C1C913421889357F6A35565F7         |
| 192.168.79.%         | myadmin              | * DA9A17B9F8055D5C1C913421889357F6A35565F7         |
| localhost            | mysql.infoschema     | $ A $ 005 $ THISISACOMBINATIONOFINVALID.....       |
| localhost            | mysql.session        | $ A $ 005 $ THISISACOMBINATIONOFINVALID.....       |
| localhost            | mysql.sys            | $ A $ 005 $ THISISACOMBINATIONOFINVALID.....       |
| localhost            | root                 | * DA9A17B9F8055D5C1C913421889357F6A35565F7         |
+----------------------+----------------------+----------------------------------------------------+
```

1. 修改用户的密码

修改用户的密码可以使用"alter user"进行修改。例如：

```
mysql> alter user 'user001'@'%' identified by 'a123';
```

另一方面，由于在 my.cnf 文件中配置了 default_authentication_plugin 参数。

```
default_authentication_plugin=mysql_native_password
```

因此，修改用户密码的语句也可以写成下面的方式。

```
mysql> alter user 'user001'@'%' identified  with mysql_native_password by 'a123';
```

2. 丢失了 root 用户密码

对于 root 用户需码丢失这种问题，可以通过特殊方法登录 MySQL 服务器，然后在 root 用户下重新设置登录密码。

1）停止 MySQL 数据库服务。

```
systemctl stop mysqld
```

2）编辑配置文件"/etc/my.cnf"，在末尾添加下面这行语句。

```
skip-grant-tables
```

3）重启 MySQL 服务。

```
systemctl start mysqld
```

4）直接登录 MySQL。

```
mysql
```

5）查询"mysql.user"表的信息。

```
mysql> use mysql;
mysql> select host, user, authentication_string from user;
```

输出的信息如下。

```
+-----------+------------------+-------------------------------------------+
| host      | user             | authentication_string                     |
+-----------+------------------+-------------------------------------------+
| %         | root             | * DA9A17B9F8055D5C1C913421889357F6A35565F7 |
| %         | user001          | * DA9A17B9F8055D5C1C913421889357F6A35565F7 |
| localhost | mysql.infoschema | $ A $ 005 $ THISISACOMBINATIONOFINVALID...... |
| localhost | mysql.session    | $ A $ 005 $ THISISACOMBINATIONOFINVALID...... |
| localhost | mysql.sys        | $ A $ 005 $ THISISACOMBINATIONOFINVALID...... |
| localhost | root             | * DA9A17B9F8055D5C1C913421889357F6A35565F7 |
+-----------+------------------+-------------------------------------------+
```

6）置空 root 用户的密码。

```
mysql> update user set authentication_string='' where user='root';
```

7）刷新一下权限。

```
mysql> flush privileges;
```

8）重新设置 root 用户的密码。

```
mysql> alter user 'root'@'%' identified by 'Weblogic_123';
mysql> alter user 'root'@'localhost' identified by 'Weblogic_123';
```

9）退出 MySQL 命令行，使用新的密码登录 MySQL。

3. 密码加密插件

在 MySQL 8 中提供了两个不同的密码插件用于管理 MySQL 用户的密码，它们分别是 mysql_native_password 和 caching_sha2_password。

```
mysql> select user,plugin from user;
```

输出的信息如下。

```
+----------------------+----------------------------+
| user                 | plugin                     |
+----------------------+----------------------------+
| mycat                | mysql_native_password      |
| root                 | mysql_native_password      |
| user002              | mysql_native_password      |
| myadmin              | mysql_native_password      |
| proxysql             | mysql_native_password      |
| repl                 | mysql_native_password      |
| mysql.infoschema     | caching_sha2_password      |
| mysql.session        | caching_sha2_password      |
| mysql.sys            | caching_sha2_password      |
| root                 | mysql_native_password      |
+----------------------+----------------------------+
```

- mysql_native_password 密码插件。该密码插件使用 SHA1 哈希算法将用户的密码存储在 mysql.user 表中。该插件的一个优点是，它可以在未加密的通道上验证客户端的身份，而无须发送实际密码。并且在 my.cnf 配置文件中，它也是默认使用的密码插件。但是这种密码管理插件存在一定的问题。一方面，如果不同的用户设置了相同的密码，该插件存储在 mysql.user 表中的哈希值就是一样的。这样就造成了一定的安全问题，因为同样的密码哈希值，为暴力攻击和获取用户的密码提供了线索。另一方面，随着技术的发展，哈希算法本身已被证明非常容易破解，这便会造成用户密码的泄露。
- caching_sha2_password 密码插件。为了克服这些限制，从 MySQL 8.0.3 开始引入了一个新的身份验证插件 caching_sha2_password。从 MySQL 8.0.4 开始，此插件成为 MySQL 服务器的新默认身份验证插件。通过 caching_sha2_password 身份验证可以解决 mysql_native_password 的问题，同时确保不影响性能。caching_sha2_password 使用 SHA2 哈希机制来转换密码，具体来说它使用 SHA256 的算法。

4. 用户密码的复杂度设置

MySQL 5.6.6 版本之后增加了密码强度验证插件 validate_password，相关参数的设置较为严格。使用了该插件会检查设置的密码是否符合当前的强度规则，若不满足则拒绝设置。

 提示 •

MySQL 8 已经提供了插件 validate_password，但并没有安装该插件，需要用户手动进行安装。

下面通过具体的示例来演示如何使用该插件。

1）显示已安装的插件信息，这时候并没有显示插件 validate_password 已安装。

```
mysql> show plugins;
```

2）安装插件。

```
mysql> install plugin validate_password soname 'validate_password.so';
```

• 提示 •

如果要卸载该插件，执行命令 uninstall plugin validate_password;

3）再次显示已安装的插件信息。

```
mysql> show plugins;
```

输出的信息如下。

```
| ......                | ......   | ......            | ......                 | ... |
| ngram                | ACTIVE   | FTPARSER         | NULL                   | GPL |
| mysqlx_cache_cleaner | ACTIVE   | AUDIT            | NULL                   | GPL |
| mysqlx               | ACTIVE   | DAEMON           | NULL                   | GPL |
| validate_password    | ACTIVE   | VALIDATE PASSWORD| validate_password.so   | GPL |
+----------------------+----------+------------------+------------------------+-----+
```

4）查看默认策略配置。

```
mysql> show variables like 'validate_password%';
```

输出的信息如下。

```
+-----------------------------------------+----------+
| Variable_name                           | Value    |
+-----------------------------------------+----------+
| validate_password_check_user_name       | ON       |
| validate_password_dictionary_file        |          |
| validate_password_length                | 8        |
| validate_password_mixed_case_count      | 1        |
| validate_password_number_count          | 1        |
| validate_password_policy                | MEDIUM   |
| validate_password_special_char_count    | 1        |
+-----------------------------------------+----------+
```

表 3-2 列出了各项密码策略的含义。

表 3-2

密码策略	含　义
validate_password_check_user_name	设置为 ON 时，可以将密码设置成当前用户名
validate_password_dictionary_file	检查密码字典文件的路径名
validate_password_length	限制密码长度的最小字符数，默认是 8 个字符
validate_password_mixed_case_count	限制小写字符和大写字符个数，默认值是 1
validate_password_number_count	限制数字的个数，默认值是 1
validate_password_policy	设置密码强度等级，默认值是 MEDIUM
validate_password_special_char_count	限制特殊字符个数，默认值是 1

💡 提示

关于密码强度等级 validate_password_policy 一共有三个可选值，分别是：

LOW：该等级只检查密码的长度，也可以用数字 0 表示。

MEDIUM：该等级检查密码的长度、数字、大小写和特殊字符，也可以用数字 1 表示。这是默认的等级。

STRONG：该等级检查密码的长度、数字、大小写、特殊字符和字典文件，也可以用数字 2 表示。

5）尝试修改用户的密码。

```
mysql> alter user 'root'@'localhost' identified by '123456789';
```

这时输出的错误信息如下。

```
ERROR 1819 (HY000):
Your password does not satisfy the current policy requirements
```

6）修改默认的密码强度等级为 0，即设置为 LOW。

```
mysql> set global validate_password_policy=0;
```

7）再次尝试修改用户的密码，语句将成功执行。

5. 用户密码的过期设置与用户的锁定

在 MySQL 数据库中添加了用户密码过期的功能，它允许设置用户密码的过期时间。这个特性已经添加到 mysql.user 数据表中，用字段 "password_expired" 和 "password_lifetime" 表示。

下面通过一个具体的示例来演示如何设定用户的密码过期及过期时间。

1）查看 MySQL 数据库中用户的 "password_expired" 和 "password_lifetime" 字段。

```
mysql> select user,host,password_expired,password_lifetime from user;
```

输出的信息如下。

```
+-----------------------+------------+------------------+-------------------+
| user                  | host       | password_expired | password_lifetime |
+-----------------------+------------+------------------+-------------------+
| mycat                 | %          | N                |              NULL |
| root                  | %          | N                |              NULL |
| user002               | %          | N                |              NULL |
| myadmin               |192.168.79.%| N                |              NULL |
| proxysql              |192.168.79.%| N                |              NULL |
| repl                  |192.168.79.%| N                |              NULL |
| mysql.infoschema      |localhost   | N                |              NULL |
| mysql.session         |localhost   | N                |              NULL |
| mysql.sys             |localhost   | N                |              NULL |
| root                  |localhost   | N                |              NULL |
+-----------------------+------------+------------------+-------------------+
```

> **提示**
>
> 从这里可以看出，默认情况下 MySQL 并没有启用用户的密码过期设置。

2）启用 root 用户的密码过期策略，并设定密码过期时间为 30 天。

```
mysql> alter user 'root'@ 'localhost' password expire interval 30 day;
```

> **提示**
>
> 一旦用户启用了密码过期的策略或者密码过期后，在用户没有设置新密码之前不能运行任何查询语句，否则会得到如下错误消息提示。
>
> ```
> ERROR 1820 (HY000):
> You must reset your password using ALTER USER statement before executing this state-
> ment.
> ```

3）修改 root 用户的密码。

```
mysql> alter user 'root'@ 'localhost' identified by 'Welcome_1';
```

4）再次查看 MySQL 数据库中用户的 "password_ expired" 和 "password_ lifetime" 字段。

```
mysql> select user,host,password_expired,password_lifetime from user;
```

输出的信息如下。

```
+-----------------------+------------+------------------+-------------------+
| user                  | host       | password_expired | password_lifetime |
+-----------------------+------------+------------------+-------------------+
| mycat                 | %          | N                |              NULL |
| root                  | %          | N                |              NULL |
| user002               | %          | N                |              NULL |
```

```
| myadmin            |192.168.79.% |N         |                      NULL |
| proxysql           |192.168.79.% |N         |              NULL        |
| repl               |192.168.79.% |N         |              NULL        |
| mysql.infoschema   |localhost    |N         |              NULL        |
| mysql.session      |localhost    |N         |              NULL        |
| mysql.sys          |localhost    |N         |              NULL        |
| root               |localhost    |N         |              30          |
+-------------------------+------------------------+------------------------+-------------------------+
```

> 💡 提示
>
> MySQL 数据库还增加了一个全局变量 "default_password_lifetime" 来设置所有用户的密码过期时间，此全局变量可以设置一个全局的自动密码过期策略。该变量的默认值是 0，表示用户密码永不过期。
>
> ```
> mysql> show variables like 'default_password_lifetime';
> +----------------------------------------+----------+
> |Variable_name                           |Value     |
> +----------------------------------------+----------+
> |default_password_lifetime               |0         |
> +----------------------------------------+----------+
> 1 row in set (0.00 sec)
> ```
>
> 下面的语句将设置所有用户密码过期的时间是 90 天。
>
> ```
> mysql> set global default_password_lifetime = 90;
> ```
>
> 该参数也可以在配置文件 my.cnf 中进行设置。

5）锁定用户可以使用下面的语句。

```
mysql> alter user user001 account lock;
```

> 💡 提示
>
> 用户被锁定后，当尝试登录 MySQL 时会出现下面的错误消息提示。
>
> ```
> ERROR 3118 (HY000):
> Access denied for user 'user001'@ 'localhost'. Account is locked.
> ```

6）解锁用户。

```
mysql> alter user user001 account unlock;
```

3.2 MySQL 的权限管理

在创建了 MySQL 的用户账号后，需要使用 grant 语句来为用户授权；如果要撤销用户的权限可以用 revoke 语句。

3.2.1 MySQL 的权限系统

MySQL 的权限系统分为以下三个不同的层级。

- 全局性的权限：针对整个 MySQL 实例。
- 数据库级别的权限：针对某个具体的 MySQL 数据库。
- 对象级别的权限：针对 MySQL 数据库中某个具体的数据库对象，如：表、表中的列、存储过程和存储函数等。

1. MySQL 的权限系统表及其作用

与权限相关的信息都存储在 MySQL 的系统表中，表 3-3 列出了系统表的名称以及它们各自保存的数据。

表 3-3

系统表名称	保存的信息
mysql. user	保存用户的账号信息和全局权限信息
mysql. db	保存数据库级别的权限信息
mysql. tables_priv	保存表级别的权限信息
mysql. columns_priv	保存列级别的权限信息
mysql. procs_priv	保存存储过程和存储函数相关的权限信息
mysql. proxies_priv	保存代理用户的权限信息

有了以上的系统表来保存权限的信息后，MySQL 进行权限验证的过程如下。

- 首先，根据 mysql. user 表的信息，验证连接的 IP、用户名、密码是否存在，存在则通过验证。通过 user 表的身份验证后，将按照 mysql. user、mysql. db、mysql. tables_priv、mysql. columns_priv 的顺序进行权限验证。
- 其次，在进行权限验证时，先检查全局权限表 mysql. user，如果 mysql. user 中对应的权限为"Y"，将不再验证后续的系统表。
- 最后，如果 mysql. user 中对应的权限为"N"，则继续验证 mysql. db 表中用户对应的数据库权限，如果为"Y"，将不再验证后续的系统表；否则继续验证 mysql. tables_priv 表。以此类推验证后续的表。

2. 用户权限的验证过程

下面以 root 为例来演示用户权限验证的过程。

1）查询 mysql. user 表中 root 用户的权限。

```
mysql> select * from user where user='root' and host='localhost' \G;
```

输出的信息如下。

```
*************************** 1. row ***************************
                    Host: localhost
                    User: root
             Select_priv: Y
             Insert_priv: Y
             Update_priv: Y
             Delete_priv: Y
             Create_priv: Y
               Drop_priv: Y
             Reload_priv: Y
           Shutdown_priv: Y
            Process_priv: Y
               File_priv: Y
              Grant_priv: Y
         References_priv: Y
              Index_priv: Y
              Alter_priv: Y
            Show_db_priv: Y
              Super_priv: Y
   Create_tmp_table_priv: Y
         Lock_tables_priv: Y
            Execute_priv: Y
         Repl_slave_priv: Y
        Repl_client_priv: Y
        Create_view_priv: Y
          Show_view_priv: Y
     Create_routine_priv: Y
      Alter_routine_priv: Y
        Create_user_priv: Y
              Event_priv: Y
            Trigger_priv: Y
 Create_tablespace_priv: Y
                ssl_type:
              ssl_cipher: 0x
             x509_issuer: 0x
            x509_subject: 0x
           max_questions: 0
             max_updates: 0
         max_connections: 0
    max_user_connections: 0
                  plugin: mysql_native_password
   authentication_string: * DA9A17B9F8055D5C1C913421889357F6A35565F7
        password_expired: N
```

```
      password_last_changed: 2022-03-06 22:47:41
          password_lifetime: NULL
             account_locked: N
            Create_role_priv: Y
              Drop_role_priv: Y
      Password_reuse_history: NULL
         Password_reuse_time: NULL
    Password_require_current: NULL
             User_attributes: NULL
1 row in set (0.00 sec)
```

> **提示**
>
> root 用户是 MySQL 的超级用户，因此从这里的输出可以看出 root 用户具备所有的权限。每个权限都是"Y"。

2）检查 mysql.db 系统表中存储的信息。

```
mysql> select *  from db where user='root' and host='localhost';
```

输出的信息如下。

```
Empty set (0.00 sec)
```

3）检查 mysql.tables_priv 系统表中存储的信息。

```
mysql> select *  from tables_priv where user='root' and host='localhost';
```

输出的信息如下。

```
Empty set (0.00 sec)
```

4）检查 mysql.columns_priv 系统表中存储的信息。

```
mysql> select *  from columns_priv where user='root' and host='localhost';
```

输出的信息如下。

```
Empty set (0.00 sec)
```

> **提示**
>
> 从操作的结果看，由于 root 用户在 mysql.user 表中已经存储了相应的全局权限信息，因此就不会在后续的系统表中存储权限信息了，也就不用再继续验证。

5）查看 root 用户的权限。

```
mysql> show grants for root@ localhost \G;
```

输出的信息如下。

```
*************************** 1. row ***************************
Grants forroot@ localhost: GRANT SELECT, INSERT, UPDATE, DELETE, CREATE, DROP, RELOAD,
SHUTDOWN, PROCESS, FILE, REFERENCES, INDEX, ALTER, SHOW DATABASES, SUPER, CREATE TEMPO-
RARY TABLES, LOCK TABLES, EXECUTE, REPLICATION SLAVE, REPLICATION CLIENT, CREATE VIEW,
SHOW VIEW, CREATE ROUTINE, ALTER ROUTINE, CREATE USER, EVENT, TRIGGER, CREATE TA-
BLESPACE, CREATE ROLE, DROP ROLE ON * .*  TO `root`@ `localhost` WITH GRANT OPTION
*************************** 2. row ***************************
Grants forroot@ localhost: GRANT APPLICATION_PASSWORD_ADMIN,AUDIT_ADMIN,BACKUP_AD-
MIN,BINLOG_ADMIN,BINLOG_ENCRYPTION_ADMIN,CLONE_ADMIN,CONNECTION_ADMIN,ENCRYPTION
_KEY_ADMIN,GROUP_REPLICATION_ADMIN,INNODB_REDO_LOG_ARCHIVE,PERSIST_RO_VARIABLES_
ADMIN,REPLICATION_APPLIER,REPLICATION_SLAVE_ADMIN,RESOURCE_GROUP_ADMIN,RESOURCE_
GROUP_USER,ROLE_ADMIN,SERVICE_CONNECTION_ADMIN,SESSION_VARIABLES_ADMIN,SET_USER_
ID,SHOW_ROUTINE,SYSTEM_USER,SYSTEM_VARIABLES_ADMIN,TABLE_ENCRYPTION_ADMIN,XA_RE-
COVER_ADMIN ON * .*  TO `root`@ `localhost` WITH GRANT OPTION
*************************** 3. row ***************************
Grants forroot@ localhost: GRANT PROXY ON "@ " TO 'root '@ 'localhost' WITH GRANT OPTION
3 rows in set (0.00 sec)
`
```

> 🔖 **提示**
>
> 可以看出 "1. row" 中的权限都是 root 用户针对数据库对象的权限, 如 INSERT、UPDATE、DELETE、CREATE 等; 而 "2. row" 中的权限都是 root 用户所拥有的管理权限。

3.2.2　权限的授予与撤销

在 MySQL 中成功创建了用户后, 需要对用户进行授权, 然后用户才能执行相应的数据库操作。与 Oracle 一样, MySQL 使用 grant 语句对用户进行授权, 使用 revoke 语句来撤销用户的权限。

> 🔖 **提示**
>
> 在 MySQL 中也可以通过 DML 语句 (insert、update 和 delete) 直接修改权限系统表来完成对用户的授权和撤销用户权限的功能。

1. MySQL 授权用户的组成

在使用 grant 和 revoke 语句之前, 有必要了解一下 MySQL 授权用户的组成。MySQL 的授权用户由两部分组成: 用户名和登录主机名。表达用户的语法如下。

```
'user_name'@ 'host_name'
```

> 🔖 **提示**
>
> 单引号不是必需, 但如果其中包含特殊字符则是必需的。

格式中的 "host_name" 字段除了可以使用 "localhost" 代表本机, 也可以使用 "127.0.0.1"

代表 IPv4 本机地址,或者使用"::1"代表 IPv6 的本机地址。另外,"host_name"字段还允许使用通配符"%"和"_"。例如,"%"代表所有主机;"%. oracle. com"代表来自 oracle. com 这个域名下的所有主机;"192. 168. 79. %"代表所有来自"192. 168. 79"网段的主机。

2. 使用 grant 和 revoke 语句

下面通过具体示例来演示如何使用 grant 和 revoke 语句完成用户的授权和撤销权限。

1)创建一个新的用户 user003。

```
mysql> create user user003 identified by 'Welcome_1';
```

2)使用"show grants"语句显示用户的授权。

```
mysql> show grants for user003;
```

输出的信息如下。

```
+---------------------------------------------------+
| Grants for user003@ %                             |
+---------------------------------------------------+
| GRANT USAGE ON * .*  TO `user003`@ `% [
+---------------------------------------------------+
```

• 提示 •

"USAGE"权限只能用于登录 MySQL 数据库,不能执行其他任何的操作;并且该权限不能被回收。该权限相当于 Oracle 中的"create session"权限。

3)使用 user003 登录 MySQL,并查看能访问的数据库。

```
mysql> show databases;
```

输出的信息如下。

```
+--------------------+
| Database           |
+--------------------+
information_schema |
+--------------------+
```

• 提示 •

可以看出 user003 用户目前只能访问"information_schema"。

4)登录 root 用户,使用 grant 语句给 user003 授权,让其可以查询"demo1. test2"的表。

```
mysql> grant select on demo1.test2 to user003;
```

5)重新查看 user003 用户的权限。

```
mysql> show grants for user003;
```

输出的信息如下。

```
+-----------------------------------------------------------+
|Grants for user003@ %                                      |
+-----------------------------------------------------------+
| GRANT USAGE ON * . *  TO `user003`@ `% `                  |
| GRANT SELECT ON `demo1`. `test2` TO `user003`@ `% ` |
+-----------------------------------------------------------+
```

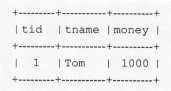

提示

这里可以看出 user003 增加了查询 "demo1. test2" 表的权限。

6）使用 user003 登录 MySQL，并查询 "demo1. test2" 表中的数据。

```
mysql> use demo1;
mysql> select *  from test2;
```

输出的信息如下。

```
+---------+----------+---------+
|tid  |tname |money |
+---------+----------+---------+
| 1   |Tom   | 1000 |
+---------+----------+---------+
```

7）查询 "mysql. user" 表获取用户 user003 的全局权限信息。

```
mysql> select user,host,select_priv from user where user='user003';
```

输出的信息如下。

```
+-------------+--------+-------------------+
|user    |host |select_priv |
+-------------+--------+-------------------+
|user003 |%   |N          |
+-------------+--------+-------------------+
```

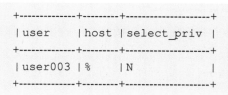

提示

由于 user003 的全局查询权限为 "N"，因此需要进一步验证 "mysql. db" 表中存储的数据库级别的权限信息。

8）执行下面的语句查询 "mysql. db" 表。

```
mysql> select user,db,select_priv from db where user='user003';
```

输出的信息如下。

```
Empty set (0.00 sec)
```

> **提示**
>
> 　　由于 "mysql.db" 表中没有用户 user003 的相关权限信息，因此需要进一步验证 "mysql.tables_priv" 表中的权限信息。

　　9）执行下面的语句查询 "mysql.tables_priv" 表。

```
mysql> select user,db,table_name,table_priv
from tables_priv
where user='user003';
```

　　输出的信息如下。

```
+---------+-------+------------+------------+
|user     |db     |table_name  |table_priv  |
+---------+-------+------------+------------+
|user003  |demo1  |test2       |Select      |
+---------+-------+------------+------------+
```

　　10）使用 revoke 语句撤销 user003 的权限。

```
mysql> revoke select on demo1.test2 from user003;
```

　　11）再次执行下面的语句查询 "mysql.tables_priv" 表，将不返回任务的授权记录。

```
mysql> select user,db,table_name,table_priv
from tables_priv
where user='user003';
```

3.2.3　MySQL 权限的生效机制

　　在 MySQL 中可以通过两种方式完成授权和撤销权限的工作。但在这两种方式下，权限的生效机制却不一样。

- 如果通过 grant 语句或者 revoke 语句对用户进行授权和撤销权限的操作，权限的修改会立即生效。
- 如果是通过 DML（insert、update 和 delete）语句直接修改权限系统表来完成授权和撤销权限，则需要手动执行 "flush privileges" 语句让 MySQL 重新装载权限系统表或者重启 MySQL 数据库后，权限的修改才会生效。

当 MySQL 生效新的权限信息时，对客户端会有以下的影响。

- 全局性的权限更改和新密码的设置会在下一次客户端连接的时候生效。
- 数据库级别的权限更改会在下一次使用 "use DatabaseName" 语句时生效。
- 对象级别的权限更改，如表和列的权限，会在客户端下一次请求该对象时生效。

3.3　MySQL 访问控制的实现

　　MySQL 访问控制实际上由两个功能模块共同完成的：一个模块是用户管理模块；而另一个是访问控制模块。用户管理模块主要是验证用户的合法性，验证用户是否能够访问 MySQL 数据库；而访问控制模块则需要根据权限系统表中存储的权限信息来决定用户的权限。图 3-1 所示为 MySQL 访问控制中用户管理模块和访问控制模块之间的关系。

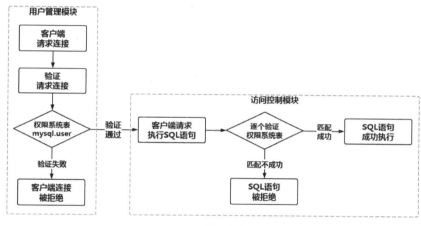

● 图　3-1

第4章　管理MySQL的数据库对象

常见的数据库对象有表、索引、视图、事件、存储过程和存储函数等。本章将介绍 MySQL 中常见的数据库对象以及如何使用它们。

4.1　创建与管理表

表是一种非常重要的数据库对象，MySQL 数据库的数据都是存储在表中的。MySQL 的表是一种二维结构，由行和列组成，而列具有不同的数据类型。

4.1.1　MySQL 的数据类型

MySQL 支持的数据类型主要有数值类型、日期和时间类型和字符串类型。下面将对这些数据类型进行详细的说明。

- 数值类型。MySQL 支持所有标准 SQL 数值数据类型。表 4-1 列举了 MySQL 的数值类型。

表 4-1

类　型	大小	范围（有符号）	范围（无符号）	用　途
TINYINT	1 B	(-128, 127)	(0, 255)	小整数值
SMALLINT	2 B	(-32 768, 32 767)	(0, 65 535)	大整数值
MEDIUMINT	3 B	(-8 388 608, 8 388 607)	(0, 16 777 215)	大整数值
INT 或 INTEGER	4 B	(-2 147 483 648, 2 147 483 647)	(0, 4 294 967 295)	大整数值
BIGINT	8 B	(-9, 223, 372, 036, 854, 775, 808, 9 223 372 036 854 775 807)	(0, 18 446 744 073 709 551 615)	极大整数值
FLOAT	4 B	(-3.402 823 466 E+38, -1.175 494 351 E-38), 0, (1.175 494 351 E-38, 3.402 823 466 351 E+38)	0, (1.175 494 351 E-38, 3.402 823 466 E+38)	单精度浮点数值
DOUBLE	8 B	(-1.797 693 134 862 315 7 E+308, -2.225 073 858 507 201 4 E-308), 0, (2.225 073 858 507 201 4 E-308, 1.797 693 134 862 315 7 E+308)	0, (2.225 073 858 507 201 4 E-308, 1.797 693 134 862 315 7E+308)	双精度浮点数值
DECIMAL		对 DECIMAL（M, D），如果M>D，为M+2，否则为D+2	依赖于 M 和 D 的值	小数值

- 日期和时间类型。表 4-2 列举了 MySQL 的日期和时间类型。

表 4-2

类型	大小	范围（有符号）	范围（无符号）	用途
DATE	3 B	1000-01-01/9999-12-31	YYYY-MM-DD	日期值
TIME	3 B	'-838：59：59'/'838：59：59'	HH：MM：SS	时间值或持续时间
YEAR	1 B	1901/2155	YYYY	年份值
DATETIME	8 B	1000-01-01 00：00：00/ 9999-12-31 23：59：59	YYYY-MM-DD HH：MM：SS	混合日期和时间值
TIMESTAMP	4 B	1970-01-01 00：00：00/2038 结束时间是第 2147483647 秒，即北京 时间 2038-1-19 11：14：07，格林尼治 时间 2038 年 1 月 19 日凌晨 03：14：07	YYYYMMDD HHMMSS	混合日期和时间 值，时间戳

- 字符串类型。表 4-3 列举了 MySQL 的字符串类型。

表 4-3

类 型	大 小	用 途
CHAR	0~255 B	定长字符串
VARCHAR	0~65535 B	变长字符串
TINYBLOB	0~255 B	不超过 255 个字符的二进制字符串
TINYTEXT	0~255 B	短文本字符串
BLOB	0~65 535 B	二进制形式的长文本数据
TEXT	0~65 535 B	长文本数据
MEDIUMBLOB	0~16 777 215 B	二进制形式的中等长度文本数据
MEDIUMTEXT	0~16 777 215 B	中等长度文本数据
LONGBLOB	0~4 294 967 295 B	二进制形式的极大文本数据
LONGTEXT	0~4 294 967 295 B	极大文本数据

📖 提示

　　CHAR（n）和 VARCHAR（n）括号中的 n 代表字符的个数，并不代表字节个数，比如 CHAR（30）就可以存储 30 个字符。CHAR 和 VARCHAR 类型类似，但它们保存和检索的方式不同。它们的最大长度和尾部空格是否保留等方面也不同。在存储或检索过程中不进行大小写转换。

　　下面通过一个例子来说明 char 和 varchar 在存储字符时的区别。

　　1）创建表一张新的表。

```
mysql> create table test4(v1 char(5),v2 varchar(5));
```

2）往表中插入数据。

```
mysql> insert into test4 values('abc','abc');
```

> **提示**
>
> 这里在插入 v1 和 v2 时，插入了两个空格。

3）查询表中的数据。

```
mysql> select concat(v1,'*'),concat(v2,'*') from test4;
```

输出的结果如下。

```
+------------------------+------------------------+
| concat(v1,'*')  | concat(v2,'*')  |
+------------------------+------------------------+
| abc*            | abc   *         |
+------------------------+------------------------+
```

> **提示**
>
> 从输出的结果可以看出，插入 char 类型时字段不会保留尾部插入的空格字符；而插入 varchar 类型时字段保留了尾部插入的空格字符。

4.1.2　MySQL 表的基本操作

在了解 MySQL 的数据类型之后，下面通过具体的示例来演示如何操作 MySQL 的表。这些操作包括创建表、查看表、修改表和删除表。

1）创建一张新的表 test5。

```
mysql> create table test5(id int,name varchar(32),age int);
```

2）查看创建表的语句。

```
mysql> show create table test5 \G;
```

输出的信息如下。

```
*************************** 1. row ***************************
     Table: test5
Create Table: CREATE TABLE `test5` (
  `id` int DEFAULT NULL,
  `name` varchar(32) DEFAULT NULL,
  `age` int DEFAULT NULL
) ENGINE=InnoDB DEFAULT CHARSET=utf8
1 row in set (0.00 sec)
```

3）查看表的结构。

```
mysql> desc test5;
```

输出的信息如下。

```
+---------+-------------+------+-----+---------+-------+
| Field   | Type        | Null | Key | Default | Extra |
+---------+-------------+------+-----+---------+-------+
| id      | int         | YES  |     | NULL    |       |
| name    | varchar(32) | YES  |     | NULL    |       |
| age     | int         | YES  |     | NULL    |       |
+---------+-------------+------+-----+---------+-------+
```

 提示

这里也可以使用下面语句查看表的结构。

```
mysql> show columns from test5;
```

4）在表中增加一个字段。

```
mysql> alter table test5 add gender varchar(1) default 'M';
```

提示

这里增加了一个 gender 字段用于表示性别，默认是"M"。

5）修改表。将 gender 字段的长度改为 10 个字符，并且默认值改为"Female"。

```
mysql> alter table test5 modify gender varchar(10) default 'Female';
```

6）修改字段的顺序，将 gender 字段放在 id 字段的后面。

```
mysql> alter table test5 modify gender varchar(10) after id;
```

7）重新查看表的结构。

```
mysql> desc test5;
```

输出的信息如下。

```
+---------+-------------+------+-----+---------+-------+
| Field   | Type        | Null | Key | Default | Extra |
+---------+-------------+------+-----+---------+-------+
| id      | int         | YES  |     | NULL    |       |
| gender  | varchar(10) | YES  |     | NULL    |       |
| name    | varchar(32) | YES  |     | NULL    |       |
| age     | int         | YES  |     | NULL    |       |
+---------+-------------+------+-----+---------+-------+
```

8）删除 gender 字段。

```
mysql> alter table test5 drop column gender;
```

9）删除表 test5。

```
mysql> drop table test5;
```

4.1.3　数据的约束条件

在数据库中，"约束"指的是对表中数据的一种限制条件，它能够确保数据库中数据的准确性和有效性。比如有的数据是必填项，就像身份认证或者填注册信息的时候，手机号、身份证这种信息就不能空着，所以就有了非空约束；又有的数据比如用户的身份证号码不能跟其他人的一样，所以就需要使用唯一约束等。

1. MySQL 中的约束类型

在 MySQL 中主要有 6 种约束：主键约束、外键约束、唯一约束、检查约束、非空约束和默认值约束。表 4-4 详细说明了这 6 种约束。

表 4-4

约束类型	关　键　字	说　　　明
主键约束	primary key	主键是表里面的一个特殊字段，这个字段能够唯一标识该表中的每条信息。一张表只能定义一个主键，如果一个字段被定义成了主键，该列的值不允许为 NULL，也不允许重复
外键约束	foreign key	外键通常会和主键约束一起使用，用来确保数据的一致性。对于有关联关系的两张表，相关联字段中主键所在的表就是主表（父表），外键所在的表就是从表（子表），外键就是用来建立主表与从表的关联关系的。当子表的某一个字段被定义为外键时，该列上的值必须在父表中存在或者为 NULL 值
唯一约束	unique	唯一约束就是指所有记录中字段的值不允许重复。值得注意的是，由于 SQL 中的 NULL 值是一个特殊值，因此如果一个字段被定义了唯一约束，该字段的值允许为 NULL
检查约束	check	MySQL 提供了检查约束用来指定某列可取值的范围，它通过限制输入到列中的值来强制域的完整性
非空约束	not null	非空约束用于确保该字段的值不能为空值，非空约束只能出现在表对象的列上
默认值约束	default	MySQL 默认值约束用来指定某列的默认值

2. 使用约束保证数据的完整性

下面通过具体的示例来演示如何使用 MySQL 的约束。

1）创建表 testprimarykey，并为表设置主键约束。

```
mysql> create table testprimarykey(id int primary key,name varchar(20));
```

提示

主键约束也可以在多个列上设定，例如：

```
mysql> create table testprimarykey(
id int ,name varchar(20),gender varchar(10),
primary key(id, name)
);
```

如果要在已经存在的表上添加主键约束，可以使用下面的语句。

```
mysql> alter table testprimarykey add primary key(id,name);
```

2）往 testprimarykey 表中插入数据。

```
mysql> insert into testprimarykey values(1,'Tom');
mysql> insert into testprimarykey values(2,'Mary');
mysql> insert into testprimarykey values(1,'Mike');
```

提示

当插入第 3 条数据时，会出现下面的错误提示，因为主键不允许重复。

```
ERROR 1062 (23000): Duplicate entry '1' for key 'testprimarykey.PRIMARY'
```

3）创建用于外键约束的父表和子表。

```
mysql> create table testparent(
id int primary key,
name varchar(20)
);

mysql> create table testchild(
id int,
name varchar(20),
classes_id int,
foreign key(classes_id) references testparent(id)
);
```

提示

外键也可以使用多个字段组合进行设置，例如：

```
mysql> create table classes(
id int,
name varchar(20),
number int,
primary key(id,name)
);
```

提示

```
mysql> create table student(
id int auto_increment primary key,
name varchar(20),
classes_id int,
classes_name varchar(20),
foreign key(classes_id, classes_name) references classes(id, name)
);
```

如果要在已存在的表上添加外键约束，可以使用下面的语句。

```
mysql> alter table student add foreign key(classes_id, classes_name) references
classes(id, name);
```

4）往表 testparent 和表 testchild 中插入数据。

```
mysql> insert into testparent values(1,'Dev');
mysql> insert into testchild values(1,'Tom',1);
mysql> insert into testchild values(2,'Mike',1);
```

提示

这 3 条 insert 语句都将成功插入数据。

5）往表 testchild 中插入一条错误的数据。

```
mysql> insert into testchild values(3,'Mary',2);
```

由于在表 testparent 中不存在"2"号记录，因此将输出下面的错误信息。

```
ERROR 1452 (23000):
Cannot add or update a child row:
a foreign key constraint fails
(`demo1`.`testchild`, CONSTRAINT `testchild_ibfk_1`
FOREIGN KEY (`classes_id`) REFERENCES `testparent` (`id`))
```

6）创建新的表，并设置用户名、密码不能重复。

```
mysql> create table testunique(
id int not null ,
name varchar(20),
password varchar(10),
unique(name,password)
);
```

> 🔖 **提示** ●
>
> 　　如果想要在已经存在的表上添加唯一约束，可以使用下面的语句。
>
> ```
> mysql> mysql> alter table testunique add unique(name, password);
> ```

　　7）往表 testunique 中插入数据。

```
mysql> insert into testunique values(1,'Tom','123456');
mysql> insert into testunique values(2,'Mary','123456');
mysql> insert into testunique values(3,'Mary','123456');
```

　　当插入第 3 条数据的时候，会出现下面的错误信息。

```
ERROR 1062 (23000):
Duplicate entry 'Mary-123456' for key 'testunique.name'
```

　　8）创建新表，并添加检查约束用于限制薪水的范围。

```
mysql> create table testcheck(
id int primary key,
name varchar(25),
salary float,
check(salary>0 and salary<10000)
);
```

　　9）往表 testcheck 中插入数据。

```
mysql> insert into testcheck values(1,'Tom',9000);
mysql> insert into testcheck values(2,'Mike',15000);
```

　　当插入第 2 条数据的时候，会出现下面的错误信息。

```
ERROR 3819 (HY000): Check constraint 'testcheck_chk_1' is violated.
```

　　10）创建新表，并设定 name 为非空约束，且默认值为 "no name"。

```
mysql> create table testnotnull(
id int not null,
name varchar(20) not null default 'no name',
gender char
);
```

　　11）往表 testnotnull 中插入数据。

```
mysql> insert into testnotnull values(1,'Tom','F');
mysql> insert into testnotnull(id) values(2);
```

> 🔖 **提示** ●
>
> 　　上面两条语句都可以成功执行。尽管在第 2 条语句中没有给出 name 的值，在这种情况下将
> 会采用默认值 "no name"。

12）查询表 testnotnull 中的数据。

```
mysql> select * from testnotnull;
```

输出的信息如下。

```
+------+-----------+----------+
| id   | name      | gender   |
+------+-----------+----------+
|    1 | Tom       | F        |
|    2 | no name   | NULL     |
+------+-----------+----------+
```

4.1.4 表中的碎片

在 InnoDB 中删除行的时候，这些行只是被标记为"已删除"，而不是真正从物理存储上进行了删除，因而存储空间也没有真正被释放回收。InnoDB 的 Purge 线程会异步地来清理这些没用的索引键和行。但是依然没有把这些释放出来的空间还给操作系统重新使用，这样会导致页面中存在很多空洞。如果表结构中包含动态长度字段，那么这些空洞甚至可能不能这样被 InnoDB 重新用来存储新的行。另外，删除数据就会导致页（Page）中出现空白空间，大量随机的 DELETE 操作，必然会在数据文件中造成不连续的空白空间。而当插入数据时，这些空白空间则又会被利用起来，于是造成了数据的存储位置不连续。物理存储顺序与逻辑上的排序不同，这种就是数据碎片。

对于大量的 UPDATE，也会造成文件碎片化，InnoDB 的最小物理存储分配单位是页（Page），而 UPDATE 也可能导致页分裂（Page Split）。频繁的页分裂，页会变得稀疏，并且被不规则地填充，所以最终数据会有碎片。

要计算表中碎片的大小，可以采用下面的计算公式。

碎片大小=数据总大小-实际表空间文件大小

下面通过具体的示例来演示如何计算表的碎片大小以及如何清理表的碎片。

1）查看表的状态信息，例如这里使用表"test4"。

```
mysql> show table status like 'test4' \G;
```

输出的信息如下。

```
*************************** 1. row ***************************
           Name: test4
         Engine: InnoDB
        Version: 10
     Row_format: Dynamic
           Rows: 1
 Avg_row_length: 16384
    Data_length: 16384
Max_data_length: 0
```

```
        Index_length: 1024
           Data_free: 0
      Auto_increment: NULL
         Create_time: 2022-02-23 08:17:55
         Update_time: 2022-02-23 08:17:59
          Check_time: NULL
           Collation: utf8_general_ci
            Checksum: NULL
       Create_options:
             Comment:
```

2）以上面的数据为例，计算表中的碎片大小。

```
数据总大小 = Data_length + Index_length = 16384 + 1024 = 17408
实际表空间文件大小 = rows * Avg_row_length = 1 * 16384 = 16384
碎片大小 = (数据总大小 - 实际表空间文件大小)/1024 = (17408 - 16384)/1024 = 1KB
```

3）执行下面的语句清理碎片。

```
mysql> alter table test4 engine = innodb;
```

💡 提示

除了使用 alter table 语句清理碎片以外，还可以使用以下的两种方式。
- 备份原表数据，然后删除原表并创建一张与原表相同的新表，再将备份的数据导入新表中。
- 使用第三方工具 pt-online-schema-change 进行在线整理表结构、收集碎片等操作。

4.1.5 统计信息

数据库的统计信息反映的是数据的分布情况。MySQL 执行 SQL 语句会经过 SQL 解析和查询优化的过程，解析器将 SQL 分解成数据结构并传递到后续步骤，查询优化器发现执行 SQL 查询的最佳方案、生成执行计划。查询优化器决定 SQL 如何执行都依赖于数据库的统计信息。因此，数据库的统计信息对于 SQL 的优化非常重要。

1. 查看数据库的统计信息

在 4.1.4 小节中，通过 "show table status" 语句可以查看表的统计信息。但使用 "information_schema.tables" 语句查看更方便。下面通过具体的示例来演示如何查看 MySQL 的统计信息。

1）统计每个库的大小。

```
mysql> select table_schema,
       sum(data_length)/1024/1024/1024 as data_length,
       sum(index_length)/1024/1024/1024 as index_length
from information_schema.tables
where table_schema ! ='information_schema' and table_schema ! = 'mysql'
group by table_schema;
```

输出的信息如下。

```
+----------------------------+----------------------+----------------------+
| TABLE_SCHEMA               | data_length          | index_length         |
+----------------------------+----------------------+----------------------+
| performance_schema         | 0.000000000000       | 0.000000000000       |
| sys                        | 0.000015258789       | 0.000000000000       |
| demo                       | 0.000030517578       | 0.000000000000       |
| testdb                     | 0.000030517578       | 0.000000000000       |
| scott                      | 0.000030517578       | 0.000016212463       |
+----------------------------+----------------------+----------------------+
```

2）查看数据表量较大的前 10 张表。

```
mysql> SELECT TABLE_SCHEMA AS database_name,
       TABLE_NAME AS table_name,
       TABLE_ROWS AS table_rows,
       ENGINE AS table_engine,
       ROUND((DATA_LENGTH)/1024.0/1024, 2) AS Data_MB,
       ROUND((INDEX_LENGTH)/1024.0/1024, 2) AS Index_MB,
       ROUND((DATA_LENGTH+INDEX_LENGTH)/1024.0/1024, 2) AS Total_MB,
       ROUND((DATA_FREE)/1024.0/1024, 2) AS Free_MB
FROM information_schema.tables AS T1
WHERE T1.`TABLE_SCHEMA` NOT IN
       ('performance_schema','mysql','information_schema')
ORDER BY T1.`TABLE_ROWS` DESC
LIMIT 10;
```

输出的信息如图 4-1 所示。

database_name	table_name	table_rows	table_engine	Data_MB	Index_MB	Total_MB	Free_MB
sys	sys_config	6	InnoDB	0.02	0.00	0.02	0.00
demo1	test_child	2	InnoDB	0.02	0.02	0.03	0.00
demo1	testnotnull	2	InnoDB	0.02	0.00	0.02	0.00
demo1	test_primarykey	2	InnoDB	0.02	0.00	0.02	0.00
demo1	test_unique	2	InnoDB	0.02	0.02	0.03	0.00
demo1	test2	1	MyISAM	0.00	0.00	0.00	0.00
demo1	test4	1	InnoDB	0.02	0.00	0.02	0.00
demo1	test_check	1	InnoDB	0.02	0.00	0.02	0.00
demo1	classes	0	InnoDB	0.02	0.00	0.02	0.00
demo1	test3	0	MEMORY	0.00	0.00	0.00	0.00

● 图 4-1

3）查看数据表空间较大的前 10 张表。

```
mysql> SELECT TABLE_SCHEMA AS database_name,
       TABLE_NAME AS table_name,
       TABLE_ROWS AS table_rows,
       ENGINE AS table_engine,
       ROUND((DATA_LENGTH)/1024.0/1024, 2) AS Data_MB,
```

```
        ROUND((INDEX_LENGTH)/1024.0/1024, 2) AS Index_MB,
        ROUND((DATA_LENGTH+INDEX_LENGTH)/1024.0/1024, 2) AS Total_MB,
        ROUND((DATA_FREE)/1024.0/1024, 2) AS Free_MB
FROM information_schema.tables AS T1
WHERE T1.`TABLE_SCHEMA`
        NOT IN('performance_schema','mysql','information_schema')
ORDER BY
ROUND((DATA_LENGTH+INDEX_LENGTH)/1024.0/1024, 2)
DESC LIMIT 10;
```

输出的信息如图 4-2 所示。

database_name	table_name	table_rows	table_engine	Data_MB	Index_MB	Total_MB	Free_MB
demo1	student	0	InnoDB	0.02	0.02	0.03	0.00
demo1	test_child	2	InnoDB	0.02	0.02	0.03	0.00
demo1	test_unique	2	InnoDB	0.02	0.02	0.03	0.00
demo1	classes	0	InnoDB	0.02	0.00	0.02	0.00
demo1	testnotnull	2	InnoDB	0.02	0.00	0.02	0.00
demo1	test4	1	InnoDB	0.02	0.00	0.02	0.00
demo1	test5	0	InnoDB	0.02	0.00	0.02	0.00
demo1	test_check	1	InnoDB	0.02	0.00	0.02	0.00
demo1	test_parent	0	InnoDB	0.02	0.00	0.02	0.00
demo1	test_primarykey	2	InnoDB	0.02	0.00	0.02	0.00

● 图　4-2

4）查看碎片较多的前 10 张表。

```
mysql> SELECT
  TABLE_SCHEMA AS database_name,
  TABLE_NAME AS table_name,
  TABLE_ROWS AS table_rows,
  ENGINE AS table_engine,
  ROUND((DATA_LENGTH)/1024.0/1024, 2) AS Data_MB,
  ROUND((INDEX_LENGTH)/1024.0/1024, 2) AS Index_MB,
  ROUND((DATA_LENGTH+INDEX_LENGTH)/1024.0/1024, 2) AS Total_MB,
  ROUND((DATA_FREE)/1024.0/1024, 2) AS Free_MB,
  ROUND(ROUND((DATA_FREE)/1024.0/1024, 2)/
        ROUND((DATA_LENGTH+INDEX_LENGTH)/1024.0/1024, 2)* 100,2)
        AS Free_Percent
FROM information_schema.tables AS T1
WHERE T1.`TABLE_SCHEMA` NOT IN
    ('performance_schema','mysql','information_schema')
AND ROUND(ROUND((DATA_FREE)/1024.0/1024, 2)/
    ROUND((DATA_LENGTH+INDEX_LENGTH)/1024.0/1024, 2)* 100,2)
    >10
AND ROUND((DATA_FREE)/1024.0/1024, 2)>100
ORDER BY Free_Percent DESC
LIMIT 10;
```

2. 收集数据库表的统计信息

数据库表的统计信息可以通过 MySQL 自动收集，也可以手动进行收集。MySQL 会在以下情况下自动执行统计信息的收集。

- 第一次打开表的时候。
- 表修改的行超过 1/6 或者 20 亿条时。
- 当有新的记录插入时。
- 执行 "show index fromtablename" 或者执行 "show table status" 语句时。
- 查询 "information_schema. tables" 或者 "information_schema. statistics" 时。

这里将重点介绍如何手动收集表的统计信息。InnoDB 存储引擎和 MyISAM 存储引擎都可以通过执行语句 "analyze table tablename" 来收集表的统计信息。这里将使用 1.2.4 小节中创建的员工表（emp）来进行演示。

> **提示**
>
> 除非是执行计划不准确，否则不要轻易执行该操作。如果是很大的表，该操作会影响表的性能。

1）查看员工表（emp）中的数据。

```
mysql> select *  from emp;
```

输出的信息如下。

empno	ename	job	mgr	hiredate	sal	comm	deptno
7369	SMITH	CLERK	7902	1980/12/17	800	NULL	20
7499	ALLEN	SALESMAN	7698	1981/2/20	1600	300	30
7521	WARD	SALESMAN	7698	1981/2/22	1250	500	30
7566	JONES	MANAGER	7839	1981/4/2	2975	NULL	20
7654	MARTIN	SALESMAN	7698	1981/9/28	1250	1400	30
7698	BLAKE	MANAGER	7839	1981/5/1	2850	NULL	30
7782	CLARK	MANAGER	7839	1981/6/9	2450	NULL	10
7788	SCOTT	ANALYST	7566	1987/4/19	3000	NULL	20
7839	KING	PRESIDENT	-1	1981/11/17	5000	NULL	10
7844	TURNER	SALESMAN	7698	1981/9/8	1500	NULL	30
7876	ADAMS	CLERK	7788	1987/5/23	1100	NULL	20
7900	JAMES	CLERK	7698	1981/12/3	950	NULL	30
7902	FORD	ANALYST	7566	1981/12/3	3000	NULL	20
7934	MILLER	CLERK	7782	1982/1/23	1300	NULL	10

> **提示**
>
> 此时表中有 14 条记录。

2）查看 emp 员工表的统计信息。

```
mysql> select *  from information_schema.tables where table_name='emp' \G;
```

输出的信息如下。

```
*************************** 1. row ***************************
  TABLE_CATALOG: def
   TABLE_SCHEMA: demo1
     TABLE_NAME: emp
     TABLE_TYPE: BASE TABLE
         ENGINE: InnoDB
        VERSION: 10
     ROW_FORMAT: Dynamic
     TABLE_ROWS: 14
 AVG_ROW_LENGTH: 1170
    DATA_LENGTH: 16384
MAX_DATA_LENGTH: 0
   INDEX_LENGTH: 16384
      DATA_FREE: 0
 AUTO_INCREMENT: NULL
    CREATE_TIME: 2022-02-23 13:18:21
    UPDATE_TIME: 2022-02-23 13:18:21
     CHECK_TIME: NULL
TABLE_COLLATION: utf8_general_ci
       CHECKSUM: NULL
 CREATE_OPTIONS:
  TABLE_COMMENT:
1 row in set (0.00 sec)
```

> 📢 **提示** ⋅
>
> 从表的统计信息也可以看出，表中有14条记录。

3）往员工表中再插入 1 条记录。

```
mysql> insert into emp(empno,ename,sal,deptno) values(1001,'Tom',1000,10);
```

4）再次查看 emp 员工表的统计信息。

```
mysql> select *  from information_schema.tables where table_name='emp' \G;
```

输出的信息如下。

```
*************************** 1. row ***************************
  TABLE_CATALOG: def
   TABLE_SCHEMA: demo1
     TABLE_NAME: emp
```

```
        TABLE_TYPE: BASE TABLE
            ENGINE: InnoDB
           VERSION: 10
        ROW_FORMAT: Dynamic
        TABLE_ROWS: 14
   AVG_ROW_LENGTH: 1170
       DATA_LENGTH: 16384
   MAX_DATA_LENGTH: 0
      INDEX_LENGTH: 16384
         DATA_FREE: 0
    AUTO_INCREMENT: NULL
       CREATE_TIME: 2022-02-23 13:18:21
       UPDATE_TIME: 2022-02-23 13:18:21
        CHECK_TIME: NULL
   TABLE_COLLATION: utf8_general_ci
          CHECKSUM: NULL
    CREATE_OPTIONS:
     TABLE_COMMENT:
1 row in set (0.00 sec)
```

> **提示**
>
> 这时候得到的统计信息就不准确了。第3）步往表中插入了一条记录，表中此时应该有15条记录，但是统计信息中依然是14条记录。因此，根据这样的统计信息生成的SQL执行计划就不是最优的执行计划。

5）手动收集统计信息。

```
mysql> analyze table emp;
```

输出的信息如下。

```
+---------------+---------+----------+----------+
| Table         | Op      | Msg_type | Msg_text |
+---------------+---------+----------+----------+
| demo1.emp     | analyze | status   | OK       |
+---------------+---------+----------+----------+
```

6）再次查看emp员工表的统计信息。

```
mysql> select *  from information_schema.tables where table_name ='emp'\G;
```

输出的信息如下。

```
*************************** 1. row ***************************
   TABLE_CATALOG: def
    TABLE_SCHEMA: demo1
      TABLE_NAME: emp
```

```
        TABLE_TYPE: BASE TABLE
            ENGINE: InnoDB
           VERSION: 10
        ROW_FORMAT: Dynamic
        TABLE_ROWS: 15
   AVG_ROW_LENGTH: 1092
       DATA_LENGTH: 16384
   MAX_DATA_LENGTH: 0
      INDEX_LENGTH: 16384
         DATA_FREE: 0
    AUTO_INCREMENT: NULL
       CREATE_TIME: 2022-02-23 13:18:21
       UPDATE_TIME: 2022-02-23 13:21:26
        CHECK_TIME: NULL
   TABLE_COLLATION: utf8_general_ci
          CHECKSUM: NULL
    CREATE_OPTIONS:
     TABLE_COMMENT:
1 row in set (0.01 sec)
```

4.1.6 【实战】使用 MySQL 的临时表

MySQL 临时表在需要保存一些临时数据时是非常有用的。临时表只在当前会话的连接可见，当关闭连接时，MySQL 会自动删除表并释放所有空间。由于临时表只属于当前的会话，因此不同会话的临时表可以重名。如果有多个会话执行查询时，使用临时表则不会有重名的担忧。所有临时表都存储在临时表空间，并且临时表空间的数据可以复用。MySQL 的 InnoDB 存储引擎、MyISAM 存储引擎和 Memory 存储引擎都支持临时表。

下面通过一个具体示例来演示如何使用临时表。

1）创建一张临时表。

```
mysql> create temporary table temptable(
tid int primary key,
tname varchar(10)
);
```

2）往临时表中插入数据。

```
mysql> insert into temptable values(1,'Tom');
```

3）查询临时表中的数据。

```
mysql> select *  from temptable;
```

输出的信息如下。

```
+-------+----------+
| tid | tname |
+-------+----------+
|   1 | Tom    |
+-------+----------+
```

4）查看当前数据库中的表。

```
mysql> show tables;
```

输出的信息如下。

```
+----------------------+
| Tables_in_demo1 |
+----------------------+
| classes        |
| dept           |
| emp            |
| student        |
| test2          |
| test3          |
| test4          |
| test5          |
| test_check     |
| test_child     |
| test_parent    |
| test_primarykey |
| test_unique    |
| testnotnull    |
+----------------------+
```

▶ 💡 提示 ◀

当使用"show tables"命令显示数据库列表时，将无法看到临时表。

5）退出当前会话，并重新登录 MySQL。

```
mysql> use demo1;
mysql> select * from temptable;
```

输出的信息如下。

```
ERROR 1146 (42S02): Table 'demo1.temptable' doesn't exist
```

▶ 💡 提示 ◀

从输出的信息可以看出临时表 demo1.temptable 已经不存在了。

4.2 在查询时使用索引

查询是数据库的主要功能之一，最基本的查询算法是顺序查找（linear search），时间复杂度为 O（n），显然在数据量很大时效率很低。优化的查找算法如二分查找（binary search）、二叉树查找（binary tree search）等，虽然查找效率提高了，但是各自对检索的数据都有要求。二分查找要求被检索数据有序，而二叉树查找只能应用于二叉查找树上，但是数据本身的组织结构不可能完全满足各种数据结构（例如，理论上不可能同时将两列都按顺序进行组织）。所以在数据之外，数据库系统还维护着满足特定查找算法的数据结构。这些数据结构以某种方式指向数据，这样就可以在这些数据结构上实现高级查找算法。这种数据结构就是索引。

4.2.1 MySQL 索引的基本知识

MySQL 官方对索引的定义为：索引（Index）是帮助 MySQL 高效获取数据的数据结构。索引是一种数据结构。MySQL 默认的索引类型是 B+树索引。

1. B 树的定义

要讨论 B+树之前，首先需要讨论一下 B 树。图 4-3 展示了一个普通的 B 树。

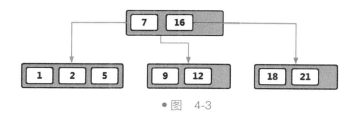

● 图 4-3

B 树类似于二叉查找树，能够让查找数据、顺序访问、插入数据及删除数据等动作，在很短的时间内完成。图 4-3 所示是一颗简单的 B 树，可见它与二叉树最大的区别是，它允许一个节点有多于 2 个的元素，每个节点都包含 key 和数据，查找时可以使用二分的方式快速搜索数据。

2. B+树的定义

图 4-4 展示了一个 B+树。

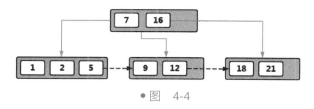

● 图 4-4

可以看到，与 B 树最大的区别就是每一个叶节点都包含指向下一个叶节点的指针，并且叶节点的指针指向的是被索引的数据，而非其他的节点。非叶节点仅具有索引作用，跟数据有关的信息均存储在叶节点中。查找时存储引擎通过根节点一层层地进行二分搜索即可。由于 B+树在内部节点上不包含数据信息，所以它占用空间更小；叶节点之间形成链表，从而方便了叶节点的遍历与范围查找。

3. 查看 MySQL 中的索引

以之前创建的部门表（dept）和员工表（emp）为例。可以使用语句 "show indexes from" 来查看表中有哪些索引；也可以使用 "explain" 命令来查看 SQL 的执行计划，判断添加索引之后，优化器是否生成了更高效的执行计划。

下面通过具体的示例来演示如何查看 MySQL 中的索引。

1）查看员工表上的索引信息。

```
mysql> show indexes from emp \G;
```

输出的信息如下。

```
*************************** 1. row ***************************
        Table: emp
  Non_unique: 0
    Key_name: PRIMARY
 Seq_in_index: 1
 Column_name: empno
   Collation: A
 Cardinality: 15
    Sub_part: NULL
      Packed: NULL
        Null:
  Index_type: BTREE
     Comment:
Index_comment:
     Visible: YES
  Expression: NULL
*************************** 2. row ***************************
        Table: emp
  Non_unique: 1
    Key_name: deptno
 Seq_in_index: 1
 Column_name: deptno
   Collation: A
 Cardinality: 3
    Sub_part: NULL
      Packed: NULL
        Null: YES
```

```
        Index_type: BTREE
          Comment:
    Index_comment:
          Visible: YES
        Expression: NULL
2 rows in set (0.00 sec)
```

💡 **提示** •

从输出的信息可以看出，员工表（emp）上有两个索引分别创建在 empno 列和 deptno 列上，且类型都是 BTREE。

2）使用"explain"语句查看一个简单查询语句中使用的索引信息。

```
mysql> explain select *  from emp where empno＝7839 \G;
```

输出的信息如下。

```
*************************** 1. row ***************************
               id: 1
      select_type: SIMPLE
            table: emp
       partitions: NULL
             type: const
    possible_keys: PRIMARY
              key: PRIMARY
          key_len: 4
              ref: const
             rows: 1
         filtered: 100.00
            Extra: NULL
1 row in set, 1 warning (0.00 sec)
```

💡 **提示** •

这里的"possible_keys"表示查询涉及的字段上存在索引。对比第 1）步输出的信息，可以看出该查询语句使用了 empno 列上的主键索引。而"key"表示查询实际使用到的索引。另外，"type"表示查询语句访问的类型，"const"则表示通过索引一次就找到了数据，因为这里是按照员工表的主键查询的数据。

"explain"语句用于输出 SQL 的执行计划，关于 SQL 的执行计划会在 10.3.1 小节中进行详细的介绍。

3）使用"explain"语句查看一个复杂查询语句中使用的索引信息。

```
mysql> explain
    select *  from emp where deptno＝
    (select deptno from dept where dname＝' SALES ')
    \G;
```

输出的信息如下。

```
*************************** 1. row ***************************
           id: 1
  select_type: PRIMARY
        table: emp
   partitions: NULL
         type: ref
possible_keys: deptno
          key: deptno
      key_len: 5
          ref: const
         rows: 6
     filtered: 100.00
        Extra: Using where
*************************** 2. row ***************************
           id: 2
  select_type: SUBQUERY
        table: dept
   partitions: NULL
         type: ALL
possible_keys: NULL
          key: NULL
      key_len: NULL
          ref: NULL
         rows: 4
     filtered: 25.00
        Extra: Using where
```

> 💡 **提示**
>
> 这里的子查询执行了全表扫描，从而得到了"SALES"部门的部门号（deptno）；而主查询则使用了"deptno"列上的非唯一性索引扫描，返回了该部门所有员工的信息。

4.2.2 【实战】创建 MySQL 索引

MySQL 的索引从底层存储上看，是基于 B+树的数据结构来存储相关信息的。但作为开发人员在创建索引时，却可以根据实际的需要创建不同类型的索引。MySQL 数据库中的索引主要有以下几种类型：普通索引、唯一索引、主键索引、组合索引、全文索引和哈希索引。

下面通过具体的步骤来演示如何创建不同的索引。

1. 普通索引

普通索引是最基本的索引，它没有任何限制，用于加速查询。

1）基于员工表创建一张新的表。

```
mysql> create table indextable1 as select *  from emp;
```

> **提示**
>
> 通过子查询创建表，只会复制表中的数据，不会复制索引。

2）在员工姓名 ename 上创建普通索引。

```
create index index1 on indextable1(ename);
```

> **提示**
>
> 也可以在创建表的时候，同时创建索引。例如：
> ```
> mysql> create table mytable1(
> id   int,
> name varchar(10),
> index index_mytable1_name(name));
> ```

3）查看表 indextable1 上的索引信息。

```
mysql> show indexes from indextable1 \G;
```

输出的信息如下。

```
*************************** 1. row ***************************
        Table: indextable1
   Non_unique: 1
     Key_name: index1
 Seq_in_index: 1
  Column_name: ename
    Collation: A
  Cardinality: 15
     Sub_part: NULL
       Packed: NULL
         Null: YES
   Index_type: BTREE
      Comment:
Index_comment:
      Visible: YES
   Expression: NULL
1 row in set (0.01 sec)
```

4）查询名叫 KING 的员工信息，使用"explain"查看 SQL 的执行计划。

```
mysql> explain select *  from indextable1 where ename='KING' \G;
```

输出的信息如下。

```
*************************** 1. row ***************************
            id: 1
   select_type: SIMPLE
         table: indextable1
    partitions: NULL
          type: ref
 possible_keys: index1
           key: index1
       key_len: 33
           ref: const
          rows: 1
      filtered: 100.00
         Extra: NULL
1 row in set, 1 warning (0.00 sec)
```

2. 唯一索引

索引列的值必须唯一，但允许有空值。如果是组合索引，则列值的组合必须唯一，否则会出现下面的错误。

```
ERROR 1062 (23000): Duplicate entry '1250' for key 'indextable2.index2'
```

1）基于员工表创建一张新的表。

```
mysql> create table indextable2 as select * from emp;
```

2）在员工号上创建唯一索引。

```
mysql> create unique index index2 on indextable2(empno);
```

3）查看 indextable2 表上的索引信息。

```
mysql> show indexes from indextable2;
```

3. 主键索引

主键索引是一种特殊的唯一索引，一个表只能有一个主键，不允许有空值。一般是在创建表的时候同时创建主键索引。

1）创建新表 indextable3，并同时创建主键索引。

```
mysql> create table indextable3(
id int auto_increment,
name varchar(10),
primary key(id));
```

> 📌 提示
>
> auto_increment 表示主键的值将自动增长。

2）查看表 indextable3 上的索引信息。

```
mysql> show indexes from indextable3 \G;
```

输出的信息如下。

```
*************************** 1. row ***************************
        Table: indextable3
   Non_unique: 0
     Key_name: PRIMARY
 Seq_in_index: 1
  Column_name: id
    Collation: A
  Cardinality: 0
     Sub_part: NULL
       Packed: NULL
         Null:
   Index_type: BTREE
      Comment:
Index_comment:
      Visible: YES
   Expression: NULL
1 row in set (0.00 sec)
```

4. 组合索引

组合索引是指在多个字段上创建的索引，只有在查询条件中使用了创建索引时的第一个字段，索引才会被使用。

1）创建一张新表 indextable4。

```
mysql> create table indextable4 as select *  from emp;
```

2）在 indextable4 表的员工姓名（ename）和薪水（sal）上添加组合索引。

```
mysql> alter table indextable4 add index index4(ename,sal);
```

3）查看表 indextable4 上的索引信息。

```
mysql> show indexes from indextable4 \G;
```

输出的信息如下。

```
*************************** 1. row ***************************
        Table: indextable4
   Non_unique: 1
     Key_name: index4
 Seq_in_index: 1
  Column_name: ename
    Collation: A
  Cardinality: 15
```

```
          Sub_part: NULL
            Packed: NULL
              Null: YES
        Index_type: BTREE
           Comment:
     Index_comment:
           Visible: YES
        Expression: NULL
*************************** 2. row ***************************
             Table: indextable4
        Non_unique: 1
          Key_name: index4
      Seq_in_index: 2
       Column_name: sal
         Collation: A
       Cardinality: 15
          Sub_part: NULL
            Packed: NULL
              Null: YES
        Index_type: BTREE
           Comment:
     Index_comment:
           Visible: YES
        Expression: NULL
2 rows in set (0.00 sec)
```

提示

　　Seq_in_index 表示索引中的列序列号，从 1 开始。从上面的输出信息可以看出，Seq_in_index 一个是 1，另一个是 2，就是表明在组合索引中的顺序，也能进一步推断出组合索引中索引的前后顺序。

---

5. 全文索引

　　全文索引主要用来查找文本中的关键字，而不是直接与索引中的值相比较。全文索引跟其他索引不大相同，它更像是一个搜索引擎。全文索引需要配合 "match against" 操作使用，而不是 "where" 语句。

　　1）创建一张新表 indextable5，并同时创建全文索引。

```
mysql> create table indextable5(
id int auto_increment,
contents text not null,
primary key(id),
fulltext(contents)
);
```

> **提示** •
>
> 如果要在已存在的表上创建全文索引，可以使用下面的语法。
>
> ```
> mysql> createfulltext index 索引名称 on 表名(列名);
> ```

2）查看表 indextable5 上的索引信息。

```
mysql> show indexes from indextable5 \G;
```

输出的信息如下。

```
......
*************************** 2. row ***************************
        Table: indextable5
   Non_unique: 1
     Key_name: contents
 Seq_in_index: 1
  Column_name: contents
    Collation: NULL
  Cardinality: 0
     Sub_part: NULL
       Packed: NULL
         Null:
   Index_type: FULLTEXT
      Comment:
Index_comment:
      Visible: YES
   Expression: NULL
```

3）往表中插入数据。

```
mysql> insert into indextable5(contents)values('Coffee and cakes');
mysql> insert into indextable5(contents)values('Gourmet hamburgers');
mysql> insert into indextable5(contents)values('Just coffee');
mysql> insert into indextable5(contents)values('Discount clothing');
mysql> insert into indextable5(contents)values('Indonesian goods');
mysql> insert into indextable5(contents)values('Coffee,cakes and juice');
```

4）执行查询语句查询表 indextable5 中的数据。

```
mysql> select *  from indextable5 where match(contents) against('coffee');
```

输出的信息如下。

```
+------+------------------------+
| id   | contents               |
+------+------------------------+
|    1 | Coffee and cakes       |
|    3 | Just coffee            |
|    6 | Coffee,cakes and juice |
+------+------------------------+
```

> **提示**
>
> 从输出的结果可以看出，MySQL 返回了所有包含 "Coffee" 的数据记录。

---

6. 哈希索引

哈希索引（hash index）基于哈希算法实现，只有精确匹配索引所有列的查询才有效。对于每一行数据，存储引擎都会对所有的索引列计算一个哈希码（hash code）。哈希码是一个较小的值，并且不同键值的行计算出来的哈希码也不一样。哈希索引将所有的哈希码存储在索引中，同时在哈希表中保存指向每个数据行的指针。

> **提示**
>
> InnoDB 和 MyISAM 默认的索引是 B 树索引；而 Mermory 默认的索引是哈希索引。

图 4-5 解释了哈希索引的基本思想。

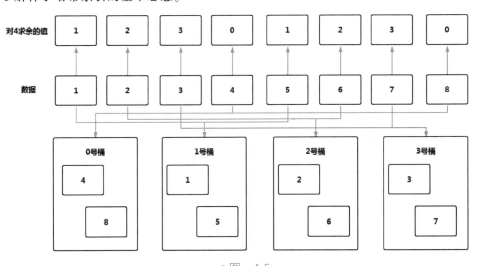

● 图　4-5

图 4-5 中有 1~8 的数据需要保存。这里建立了 4 个哈希表。即 0 号、1 号、2 号、3 号。根据哈希算法的思想，可以选择一个哈希函数来对数据进行计算。比较简单的哈希函数如求余数。如果求出的余数相同，对应的数据将会被保存到同一哈希分区。

下面是具体的操作步骤。

1）使用 Memory 存储引擎创建一张新表。

```
mysql> create table indextable6(
id int,
name varchar(10)
)engine=memory;
```

2）在表 indextable6 上创建索引。

```
mysql> create index index6 on indextable6(name);
```

这里也可以使用下面的语句创建。

```
create index index6 using hash on indextable6(name);
```

3）查看表 indextable6 上的索引信息。

```
mysql> show indexes from indextable6 \G;
```

输出的信息如下。

```
*************************** 1. row ***************************
        Table: indextable6
   Non_unique: 1
     Key_name: index6
 Seq_in_index: 1
  Column_name: name
    Collation: NULL
  Cardinality: 0
     Sub_part: NULL
       Packed: NULL
         Null: YES
   Index_type: HASH
      Comment:
Index_comment:
      Visible: YES
   Expression: NULL
```

从输出的信息可以看出，index6 的索引类型是 HASH。

4.2.3 MySQL 索引的优化

MySQL 对索引的优化提供了 3 种不同的优化技术，分别是 ICP、MRR 和 BKA。下面分别介绍它们。

1. 使用 ICP 优化索引

ICP（Index Condition Pushdown）是 MySQL 使用索引从表中检索行数据的一种优化方式，从 MySQL 5.6 开始支持。MySQL 5.6 之前存储引擎会通过遍历索引定位基表中的行，然后将数据返回给 Server 层，MySQL 5.6 之后支持 ICP 后，如果 WHERE 条件可以使用索引，MySQL 会把这部分过滤操作放到存储引擎层，存储引擎通过索引过滤，把满足的行从表中读取出来。ICP 能减少引擎层访问基表的次数和 Server 层访问存储引擎的次数。

提示

ICP 的目标是通过降低 I/O，减少从基表中读取操作的数量。当使用 ICP 优化索引时，执行计划的 Extra 列将显示 "Using index condition"。

下面通过具体的示例来演示 ICP 的使用。

1）查看是否开启了 ICP 的索引优化。

```
mysql> show variables like '% optimizer_switch% ' \G;
```

输出的信息如下。

```
*************************** 1. row ***************************
Variable_name: optimizer_switch
Value: index_merge=on,index_merge_union=on,index_merge_sort_union=on,index_merge
_intersection=on,engine_condition_pushdown=on,index_condition_pushdown=on,mrr=
on,mrr _ cost _ based = on, block _ nested _ loop = on, batched _ key _ access = off,
materialization=on,semijoin=on,loosescan=on,firstmatch=on,duplicateweedout=on,
subquery_materialization_cost_based=on,use_index_extensions=on,condition_fanout_
filter=on,derived_merge=on,use_invisible_indexes=off,skip_scan=on,hash_join=on
```

提示

ICP 默认是开启的。如果没开启，可以通过下面的语句开启。

```
mysql> set optimizer_switch="index_condition_pushdown=on";
```

2）执行一个简单的查询，输出相应的执行计划。

```
mysql> explain select *  from emp where deptno=10 and sal >2500 \G;
```

输出的信息如下。

```
*************************** 1. row ***************************
           id: 1
  select_type: SIMPLE
        table: emp
   partitions: NULL
         type: ref
possible_keys: deptno
          key: deptno
      key_len: 5
          ref: const
         rows: 4
     filtered: 33.33
        Extra: Using where
```

3）在部门号（deptno）和薪水（sal）上添加索引，并重新查看执行计划。

```
mysql> alter table emp add index index_deptno_sal(deptno,sal);
mysql> explain select *  from emp where deptno=10 and sal >2500 \G;
```

输出的信息如下。

```
*************************** 1. row ***************************
           id: 1
  select_type: SIMPLE
        table: emp
   partitions: NULL
         type: range
possible_keys: index_deptno_sal
          key: index_deptno_sal
      key_len: 10
          ref: NULL
         rows: 1
     filtered: 100.00
        Extra: Using index condition
```

📖 **提示** •

　　对比第2)步和第3)步执行计划的"Extra"字段，可以看出 MySQL 使用 ICP 对索引进行了优化。

---

2. 使用 MRR 优化索引

　　MRR（Multi-Range Read Optimization）是使用优化器将随机 I/O 转化为顺序 I/O 以降低查询过程中 I/O 开销的一种手段。这对于 I/O 密集型的 SQL 语句性能将带来极大的提升，适用于 range 和 ref eq_ref 类型的查询。MRR 从 MySQL 5.6 版本开始支持。

📖 **提示** •

　　MRR 的核心思想就是把普通索引对应的主键结合存储到 read_rnd_buffer 中，然后再读取该 buffer 中的主键值进行排序。这样就可以把随机 I/O 变成顺序 I/O，降低了查询过程中的 I/O 开销。

　　1）为了确保优化器使用 MRR 特性，请执行下面的 SQL 语句。

```
mysql> set optimizer_switch='mrr=on,mrr_cost_based=off';
```

📖 **提示** •

　　MySQL 数据库的优化器是基于成本的算法，这导致大部分情况下优化器都不会选择 MRR 特性。

　　2）执行 SQL 语句并输出相应的执行计划。

```
mysql> explain select *  from emp where deptno=10 and sal<1000 and sal<3500 \G;
```

输出的信息如下。

```
*************************** 1. row ***************************
           id: 1
  select_type: SIMPLE
        table: emp
   partitions: NULL
         type: range
possible_keys: index_deptno_sal
          key: index_deptno_sal
      key_len: 10
          ref: NULL
         rows: 1
     filtered: 100.00
        Extra: Using index condition; Using MRR
```

> **提示**
>
> 从输出的信息可以看出，执行的查询语句使用 MRR 方式优化了索引。

3）查看 read_rnd_buffer 缓冲区（read_rnd_buffer_size）。

```
mysql> show variables like '% buffer_size% ';
```

输出的信息如下。

Variable_name	Value
bulk_insert_buffer_size	8388608
innodb_log_buffer_size	16777216
innodb_sort_buffer_size	1048576
join_buffer_size	262144
key_buffer_size	8388608
myisam_sort_buffer_size	8388608
preload_buffer_size	32768
read_buffer_size	131072
read_rnd_buffer_size	**262144**
sort_buffer_size	262144

> **提示**
>
> 从输出的信息可以看出，MRR 使用的 read_rnd_buffer_size 值的大小。

3. 使用 BKA 优化索引

BKA（Batched Key Access）主要用于提高表 Join 性能。它的基本思想是，当被 Join 的表能够使用索引时，就先排好顺序，然后再去检索被 Join 的表。图 4-6 说明了 BKA 优化的过程。

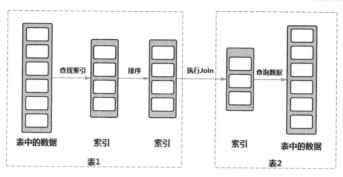

● 图 4-6

如图 4-6 所示，在执行表的 Join 操作时，先对表 1 的索引进行排序，然后将排好序的索引信息与表 2 的索引进行 Join 操作，最终查询到相应的数据记录。

4.3 使用视图简化查询语句

当 SQL 的查询语句比较复杂并且需要反复执行时，如果每次都重新书写该 SQL 语句显然不是很方便。因此，MySQL 数据库提供了视图用于简化复杂的 SQL 语句。

4.3.1 视图的定义

视图（view）是一种虚表，其本身并不包含数据。它将作为一个 select 语句保存在数据字典中。视图依赖的表叫作基表，通过视图可以展现基表的部分数据。视图中的数据均来自所使用的基表。

4.3.2 【实战】视图的基本操作

在了解视图的作用后，下面通过具体的示例来演示如何使用视图。

1）查看创建视图的语法。

```
mysql> help create view;
```

输出的信息如下。

```
Name:'CREATE VIEW'
Description:
Syntax:
CREATE
    [OR REPLACE]
    [ALGORITHM = {UNDEFINED |MERGE |TEMPTABLE}]
```

```
[DEFINER = user]
[SQL SECURITY{ DEFINER | INVOKER }]
VIEW view_name [ (column_list)]
AS select_statement
[WITH [CASCADED | LOCAL] CHECK OPTION]
```

2）基于员工表 emp 创建视图。

```
mysql> create or replace view view1
as
select * from emp where deptno=10;
```

💡 提示

视图也可以基于多表进行创建，例如：

```
mysql> create or replace view view2
as
select emp.ename,emp.sal,dept.dname
from emp,dept
where emp.deptno=dept.deptno;
```

3）使用"show create view"语句查看视图信息。

```
mysql> show create view view1;
```

4）从视图中查询数据。

```
mysql> select * from view1;
```

输出的信息如下。

```
+-------+--------+-----------+------+-----------+------+------+--------+
| empno | ename  | job       | mgr  | hiredate  | sal  | comm | deptno |
+-------+--------+-----------+------+-----------+------+------+--------+
|  7782 | CLARK  | MANAGER   | 7839 | 1981/6/9  | 2450 | NULL |   10   |
|  7839 | KING   | PRESIDENT | -1   | 1981/11/17| 5000 | NULL |   10   |
|  7934 | MILLER | CLERK     | 7782 | 1982/1/23 | 1300 | NULL |   10   |
+-------+--------+-----------+------+-----------+------+------+--------+
```

5）通过视图执行 DML 操作，例如：给 10 号部门的员工涨 100 块钱工资。

```
mysql> update view1 set sal=sal+100;
```

💡 提示

并不是所有的视图都可以执行 DML 操作。在视图定义时含以下内容，视图则不能执行 DML 操作。

* 查询子句中包含 distinct 和组函数。
* 查询语句中包含 group by 子句和 order by 子句。

- 查询语句中包含 union 、union all 等集合运算符量。
- where 子句中包含相关子查询。
- from 子句中包含多个表。
- 如果视图中有计算列，则不能执行 update 操作。
- 如果基表中有某个具有非空约束的列未出现在视图定义中，则不能做 insert 操作。

6）创建视图时使用 with check option 约束 。

```
mysql> create or replace view view2
as
select *  from emp where sal<1000
with check option;
```

> **提示**
>
> WITH CHECK OPTION 表示对视图所做的 DML 操作不能违反视图 WHERE 条件的限制。

7）在 view2 上执行 update 操作。

```
mysql> update view2 set sal=2000;
```

此时将出现下面的错误信息。

```
ERROR 1369 (HY000)：CHECK OPTION failed 'demo1.view2'
```

4.3.3 在 MySQL 中实现物化视图

由于视图本身是一张虚表，并不包含数据。因此，从视图中查询数据，还是需要访问基表中的数据。从这个角度上看创建视图是不能提高性能的。如果视图可以缓存数据，那么通过视图进行查询，就可以提高查询的性能。因此有一种新的视图叫作物化视图，它与普通视图最大的区别就在于物化视图是包括一个查询结果的数据库对象，通过缓存查询结果达到提高性能的目的。但很可惜的是 MySQL 的视图并不是物化视图。因此要在 MySQL 中使用物化视图的特性，则需要开发人员自己使用存储过程或者触发器的方式来实现。

> **提示**
>
> Oracle 数据库支持物化视图的功能，下面的语句表示在 Oracle 数据库中如何创建物化视图。
>
> ```
> mysql> create materialized view myview
> as
> select emp.ename,emp.sal,dept.dname
> from emp,dept
> where emp.deptno=dept.deptno;
> ```

4.4 MySQL 的事件

在数据库中除了使用触发器来触发操作以外，在 MySQL 中还提供了事件（Event）来完成类似的功能。本节将详细讨论 MySQL 的事件及其用法。

4.4.1 事件的定义

事件（Event）是 MySQL 数据库中的时间触发器，类似 Linux 的 Crontab 定时间的功能。在某一特定的时间点，Event 会自动由 MySQL 调用从而触发相关的 SQL 语句或存储过程。要使用 MySQL 的事件，需要将参数 "event_scheduler" 设置为 "ON"。

```
mysql> show variables like 'event_scheduler';
```

输出的信息如下。

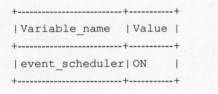

```
+-------------------------+-----------+
|Variable_name            |Value      |
+-------------------------+-----------+
|event_scheduler          |ON         |
+-------------------------+-----------+
```

创建事件的语法格式如下。

```
CREATE
    [DEFINER = user]
    EVENT
    [IF NOT EXISTS]
    event_name
    ON SCHEDULE schedule
    [ON COMPLETION [NOT] PRESERVE]
    [ENABLE |DISABLE |DISABLE ON SLAVE]
    [COMMENT 'string']
    DO event_body;
```

其中：

- ON SCHEDULE：用于设定 Event 的触发时间。可以使用 at 选项来指定完成单次计划任务的时间或者使用 every 选项来指定完成重复的计划任务。
- ON COMPLETION［NOT］PRESERVE：表示"当这个事件不会再发生的时候"。PRESERVE 的作用是使 Event 在执行完毕后不会被删除。

4.4.2　【实战】使用 MySQL 的事件

1）创建一张表用于保存当前的时间。

```
mysql> create table testevent(currenttime timestamp);
```

2）创建事件每隔 3 秒往表 testevent 中插入当前的时间戳。

```
mysql> create event if not exists insert_timestamp_event
on schedule every 3 second
on completion preserve
enable
do
insert into testevent values(current_timestamp());
```

> 💡 提示 ·
>
> 　　这里的 Event 调用的是 insert 语句往表 testevent 中插入当前的时间戳。Event 也可以调用存储过程来完成更加复杂的业务逻辑，关于存储过程的内容将会在第 5 章中进行介绍。

3）查看数据库中已有的事件。

```
mysql> show events \G;
```

输出的信息如下。

```
*************************** 1. row ***************************
                Db: demo1
              Name: insert_timestamp_event
           Definer: root@ localhost
         Time zone: SYSTEM
              Type: RECURRING
        Execute at: NULL
    Interval value: 3
    Interval field: SECOND
            Starts: 2022-02-24 20:28:53
              Ends: NULL
            Status: ENABLED
        Originator: 1
character_set_client: utf8
collation_connection: utf8_general_ci
  Database Collation: utf8_general_ci
```

4）查看 testevent 表中的数据。

```
mysql> select *  from testevent;
```

输出的信息如下。

```
+------------------------------+
| currenttime                  |
+------------------------------+
| 2022-02-24 20:28:53 |
| 2022-02-24 20:28:56 |
| 2022-02-24 20:28:59 |
| 2022-02-24 20:29:02 |
| 2022-02-24 20:29:05 |
+------------------------------+
```

 提示

从表 testevent 中的数据可以看出，Event 每隔 3 秒往表中插入了当前的时间。

5）删除事件。

```
drop event insert_timestamp_event;
```

4.4.3　MySQL 事件的优缺点

　　MySQL 的事件适用于每隔一段时间就有固定需求的操作，例如定时同步数据等。因此，MySQL 事件的最大优点就是，当需要对数据进行定时操作时不再依赖外部的程序，直接使用数据库本身提供的功能就可以完成。并且 MySQL 事件可以达到每秒被触发的程度，因此在一些实时性要求较高的场景下就变得非常实用。但 MySQL 的事件也存在一些不足。它不能像触发器那样在满足一定条件下才被调用，而是基于时间定时触发。并且 MySQL 事件会被系统周期调用，因此对数据库的性能造成了一定的影响。

第 5 章　MySQL应用程序开发

MySQL 为数据库开发人员提供了一组可编程的函数，其目的是为了完成特定功能的 SQL 语句的开发。MySQL 的应用程序编程语言类似 Oracle 的 PL/SQL 编程语言，都是面向过程的编程语言。这样的编程语言使得数据库开发人员可以开发存储过程或者存储函数来实现更为复杂的业务逻辑。

5.1　MySQL 编程基础

任何一门编程语言都有自身的语法要求，包括：变量的定义、表达式的定义以及基本的程序结构。

5.1.1　定义变量

MySQL 中的变量分为用户变量、存储过程变量、全局变量和会话变量，而存储过程变量是 MySQL 中使用的主要方式。

1. 用户变量

用户变量使用 set 语句直接赋值，变量名以 @ 开头。它可以在一个会话的任何地方声明，作用域是整个会话。用户变量定义成功后，可以通过 select 语句查询用户变量的值。

1）使用 set 语句定义一个用户变量 var1，并赋值。

```
mysql> set @ var1 = 123;
```

2）查询用户变量。

```
mysql> select @ var1;
```

输出的信息如下。

```
+-----------+
| @ var1 |
+-----------+
| 123 |
+-----------+
```

> 🔖 提示
>
> 在一个会话内，用户变量只需初始化一次。在同一个会话内保存的都是上一次计算的结果。

3）使用 select 语句直接定义用户变量，并赋值。

```
mysql> select @ var2:=456;
```

输出的信息如下。

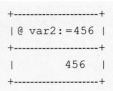

```
+----------------+
|@ var2:=456 |
+----------------+
|           456  |
+----------------+
```

2. 存储过程变量

存储过程变量以 declare 关键字声明，主要用于存储过程中，示例如下。

```
...
begin
    declare var1 int default 0;
    ...
end
...
```

------• 💡 提示 •------

由于存储过程变量只能在存储过程中使用，因此存储过程变量也可以叫作局部变量，其作用域仅限于该存储过程的语句块。在该语句块执行完毕后，变量就消失了。

关于存储过程的内容将会在 5.3 小节中介绍。

3. 全局变量

全局变量将影响 MySQL 数据库服务器的整体，它的初始值可以在 my.ini 文件中进行定义。当 MySQL 服务器启动时，它将所有全局变量初始化为默认值。要想更改全局变量，必须具有管理员的权限。

下面通过具体的示例来演示如何使用全局变量。

1）查看所有的全局变量。

```
mysql> show global variables \G;
```

输出的信息如下。

```
... ...
*********************** 358. row ***********************
Variable_name: mysqlx_ssl_crl
      Value:
*********************** 359. row ***********************
Variable_name: mysqlx_ssl_crlpath
      Value:
```

```
* * * * * * * * * * * * * * * * * * * * * * * * * 360. row * * * * * * * * * * * * * * * * * * * * * * * * * *
Variable_name: mysqlx_ssl_key
        Value:
... ...
```

2）查询某一个全局变量的值。

```
mysql> select @ @ global.basedir;
```

输出的信息如下。

```
+---------------------------------------------------------+
|@ @ global.basedir                                       |
+---------------------------------------------------------+
|/usr/local/mysql-8.0.20-linux-glibc2.12-x86_64/|
+---------------------------------------------------------+
```

3）查询全局变量也可以使用下面的方式。

```
mysql> show global variables like "% undo% ";
```

输出的信息如下。

```
+-------------------------------------+-----------------+
|Variable_name                        |Value            |
+-------------------------------------+-----------------+
| innodb_max_undo_log_size|1073741824 |
| innodb_undo_directory    |./          |
| innodb_undo_log_encrypt |OFF         |
| innodb_undo_log_truncate|ON          |
| innodb_undo_tablespaces |2           |
+-------------------------------------+-----------------+
```

4. 会话变量

MySQL 数据库服务器为每个连接的客户端维护一系列会话变量。在客户端连接 MySQL 实例时，会使用全局变量对客户端的会话变量进行初始化。客户端只能更改自己的会话变量，并且会话变量与用户变量一样，仅作用于当前连接的会话。

下面通过具体的示例来演示如何使用会话变量。

1）查看所有的会话变量。

```
mysql> show session variables \G;
```

输出的信息如下。

```
* * * * * * * * * * * * * * * * * * * * * * * * * 590. row * * * * * * * * * * * * * * * * * * * * * * * * * *
Variable_name: version_comment
        Value: MySQL Community Server - GPL
* * * * * * * * * * * * * * * * * * * * * * * * * 591. row * * * * * * * * * * * * * * * * * * * * * * * * * *
Variable_name: version_compile_machine
```

```
        Value: x86_64
*************************** 592. row ***************************
 Variable_name: version_compile_os
        Value: Linux
```

2）查询会话变量也可以使用下面的方式。

```
mysql> show session variables like '% buffer% ';
```

输出的信息如下。

```
+-----------------------------------+--------------+
|Variable_name                      |Value         |
+-----------------------------------+--------------+
|bulk_insert_buffer_size            |8388608       |
|innodb_buffer_pool_chunk_size      |134217728     |
|innodb_buffer_pool_dump_at_shutdown|ON            |
|innodb_buffer_pool_dump_now        |OFF           |
|innodb_buffer_pool_dump_pct        |25            |
|innodb_buffer_pool_filename        |ib_buffer_pool|
|......                             |......        |
+-----------------------------------+--------------+
```

3）查询某一个会话变量的值。

```
mysql> select @ @ session.sort_buffer_size;
```

输出的信息如下。

```
+----------------------------+
|@ @ session.sort_buffer_size |
+----------------------------+
|                     262144 |
+----------------------------+
```

4）修改会话变量的值。

```
mysql> set @ @ session.sort_buffer_size=300000;
```

5.1.2　运算符与表达式

　　MySQL 主要有以下几种运算符：算术运算符、比较运算符、逻辑运算符和位运算符等。有了各种运算符后，MySQL 就可以支持表达式的书写了。表 5-1 列出了 MySQL 支持的各种运算符。

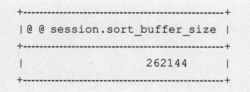

　　　　提示

　　　　<=>与=的区别在于当两个操作码均为 NULL 时，其所得值为 1 而不为 NULL，而当一个操作码为 NULL 时，其所得值为 0 而不为 NULL。

表 5-1

类型	运 算 符	作 用	示 例
算术运算符	+	加法	select 1+2;
	−	减法	select 1−2;
	*	乘法	select 2 * 3;
	/ 或 DIV	除法	select 2/3;
	% 或 MOD	取余	select 10 MOD 4;
比较运算符	=	等于	select 2＝3;
	<>, ! =	不等于	select 2<>3;
	>	大于	select 2>3;
	<	小于	select 2<3;
	<=	小于等于	select 2<=3;
	>=	大于等于	select 2>=3;
	BETWEEN	在两值之间	select 5 between 1 and 10;
	NOT BETWEEN	不在两值之间	select 5 not between 1 and 10;
	IN	在集合中	select 5 in（1，2，3，4，5）;
	NOT IN	不在集合中	select 5 not in（1，2，3，4，5）;
	<=>	安全等于	select 2<=>3;
	LIKE	模糊匹配	select '12345' like '12%';
	REGEXP 或 RLIKE	正则式匹配	select 'beijing' REGEXP 'jing';
	IS NULL	为空	select null is NULL;
	IS NOT NULL	不为空	select null IS NOT NULL;
逻辑运算符	NOT 或 ！	逻辑非	select 2 and 0;
	AND	逻辑与	select 2 or 0;
	OR	逻辑或	select not 1;
	XOR	逻辑异或	select 1xor 1;
位运算符	&	按位与	select 3&5;
	|	按位或	select 3| 5;
	^	按位异或	select 3^5;
	~	取反	select ~18446744073709551612;
	<<	左移	select 3<<1;
	>>	右移	select 3>>1;

5.1.3　begin… end 语句块

　　begin… end 语法用于复合声明，它能出现在存储过程、存储函数、触发器和事件中。一个复合声明能包含多条声明，由 begin 和 end 关键字包含。语法格式如下。

```
[begin_label:]
BEGIN
    [statement_list]
END [end_label]
```

其中，statement_list 描述了一条或多条声明的列表，每行的结束符号是分号。statement_list 本身是可选的，所以一个空的复合声明也是合法的。例如下面的语句块，将查询 10 号部门的员工信息。

```
......
BEGIN
  set @ dno=10;
  select *  from emp where deptno=@ dno;
END
......
```

● 提示 ●

begin… end 语句块只能在存储过程、存储函数以及触发器定义的内部使用。如果直接在 MySQL 的命令行客户端中执行 begin… end 语句块，将出现下面的错误。

```
ERROR 1064 (42000): You have an error in your SQL syntax
```

5.2 MySQL 的流程控制语句

在进行 MySQL 数据库应用程序开发的过程中，可以使用流程控制语句来控制程序的流程。MySQL 的流程控制语句有条件控制语句、循环控制语句、leave 语句、iterate 语句、repeat 语句和 while 语句等。

5.2.1 条件控制语句

MySQL 提供的条件判断语句主要有 if 语句和 case 语句两种形式。

1. if 语句

if 语句根据是否满足条件（可包含多个条件），来执行不同的语句，是流程控制中最常用的判断语句。其语法的基本形式如下。

```
if search_condition then statement_list
    [elseif search_condition then statement_list]...
    [else statement_list]
end if
```

例如下面的示例。

```
......
begin
  --统计每个部门的人数
  declare count10 int default 10;
  declare count20 int default 10;
  declare count30 int default 10;

  --定义 10 号部门
  set @ dno =10;

  if dno=10 then
    set count10=count10 + 1;
  elseif dno=20 then
    set count20 = count20 + 1;
  else
    set count30 = count30 + 1;
  end if;
end
......
```

2. case 语句

case 语句也是用来进行条件判断的，它提供了多个条件进行选择，可以实现比 if 语句更复杂的条件判断。case 语句的基本形式如下。

```
case case_value
    when when_value then statement_list
    [when when_value then statement_list]...
    [else statement_list]
end case
```

例如下面的示例。

```
......
begin
  --统计每个部门的人数
  declare count10 int default 10;
  declare count20 int default 10;
  declare count30 int default 10;

  --定义 10 号部门
  set @ dno =10;

  case dno
```

```
    when 10 then set count10 =count10 + 1;
    when 20 then set count20 = count20 + 1;
    else set count30 = count30 + 1;
  end case;
end
......
```

case 语句还有另一种形式，该形式的语法如下。

```
case
  when search_condition then statement_list
  [when search_condition then statement_list] ...
  [else statement_list]
end case
```

上面的示例也可以写成下面的形式。

```
......
begin
  --统计每个部门的人数
  declare count10 int default 10;
  declare count20 int default 10;
  declare count30 int default 10;
  --定义 10 号部门
  set @ dno =10;

  case
    when dno=10 then set count10=count10+1;
    when dno=20 then set count20=count20+1;
    else set count30=count30+1;
  end case;
end
......
```

5.2.2 循环控制语句

MySQL 的循环控制语句主要有 while 循环语句、loop 循环语句和 repeat 循环语句 3 种形式。

1. while 循环

while 语句可以用于执行循环操作。while 首先判断 condition 条件是否为真，如果为真则执行循环体，否则退出循环。该语法表示形式如下。

```
while loop_condition do
    statement_list
end while;
```

例如下面的示例。

```
......
begin
  --定义循环控制变量
  declare i int default 1;

  --求和后的结果
  declare total int default 0;

  while i <= 100 do
    set total = total + i;
    set i = i + 1;
  end while;
end
......
```

2. loop 循环

loop 循环通常与 leave 配合使用以达到退出循环的目的，语法格式如下。

```
loop_label:
loop
    statement_list

  if  exit_condition=true
    leave loop_label;
  end if;
end loop;
```

例如 while 循环中的示例也可以写成下面的形式。

```
......
begin
  --定义循环控制变量
  declare i int default 1;

  --求和后的结果
  declare total int default 0;

  sum_loop:
  loop
    set total = total + i;
    set i = i + 1;
```

```
    if i >100 then
        leave sum_loop;
    end if;
  end loop;
end
......
```

3. repeat 循环

repeat 循环语句先执行一次循环体，然后再判断是否退出循环。repeat 语句表示形式如下：

```
repeat
    statement_list
        until exit_condition
end repeat;
```

例如下面示例的任务是完成从 1~100 的求和。

```
......
begin
  --定义循环控制变量
  declare i int default 1;

  --求和后的结果
  declare total int default 0;

  repeat
      set total = total + i;
      set i = i + 1;
  until i > 100
  end repeat;
end
......
```

5.2.3 异常处理机制

MySQL 的异常处理机制与 Java 类似，都是用来处理在程序运行过程中出现的问题。MySQL 运行用户自定义异常类型和异常处理语句。自定义异常类型的语法格式如下。

```
declare exception_name condition for exception_code;
```

> 📋 **提示**
>
> 这里的 exception_name 代表自定义异常的名称，而 exception_code 表示自定义异常时的错误代码。

例如下面的示例针对 1062 的错误代码自定义了一个异常类型。

```
declare my_exception_1062 condition for 1062;
```

如果用户想自定义异常处理时的语句，可以采用下面的语法格式。

```
declare handler_type handler
for condition_value
exception_handle_statement;
```

handler_type 的取值有以下 3 个。

- CONTINUE：产生异常时不进行处理，跳过错误继续执行之后的代码。
- EXIT：产生异常时立即退出，不再执行之后的代码。
- UNDO：产生异常时撤销已经执行的操作，但 MySQL 暂不支持该操作。

condition_value 表示异常的错误代码，可以是以下的取值。

- SQLWARNING：表示所有警告的 SQL 代码。
- NOT FOUND：表示没有找到数据的 SQL 代码。
- SQLEXCEPTION：除 SQLWARNING 和 NOT FOUND 之外的 SQL 代码。

例如下面的示例针对 1062 的错误代码自定义了处理异常的方式。

```
......
begin
  --输出执行后的状态信息
  declare out_status varchar(30);

  --自定义异常类型
  declare my_exception_1062 condition for 1062;

  --定义异常处理的方式
  declare exit handler for my_exception_1062
    begin
      set out_status='Duplicate Entry';
    end;

  ......
end
......
```

> 🔖 **提示** •
>
> 在定义异常处理方式时，也可以直接使用异常的错误代码。例如：
>
> ```
> ......
>  declare exit handler for 1062 set out_status='Duplicate Entry';
> ......
> ```

5.3 使用存储过程与存储函数

存储过程（Stored Procedure）和存储函数（Stored Function）是指存储在数据库中供所有用户调用的子程序，它们事先经过编译后存储在数据库系统中。因此，调用存储过程和存储函数来完成业务逻辑，是可以提高性能的。

5.3.1 存储过程与存储函数

存储过程和存储函数的结构类似，但是存储函数必须要有一个 return 子句用于返回函数的值，而存储过程没有 return 子句。

 提示

尽管存储过程没有 return 子句，但却可以通过 out 参数来指定返回值。关于 out 参数的内容会在 5.3.3 小节中进行介绍。

创建存储过程的语法格式如下。

```
CREATE PROCEDURE 存储过程名称 ([参数列表[,...]])
    [特征说明 ...]
    程序体
```

其中：

参数列表的格式为: [IN | OUT | INOUT] 参数名 参数类型。
特征说明可以指定以下的特征格式。

```
    LANGUAGE SQL
   |[NOT] DETERMINISTIC
   |{ CONTAINS SQL | NO SQL | READS SQL DATA | MODIFIES SQL DATA }
   | SQL SECURITY{ DEFINER | INVOKER }
   | COMMENT '注释说明'
```

创建存储函数的语法格式如下。

```
CREATE FUNCTION 存储函数名称 ([参数列表[,...]])
    RETURNS 返回值类型
    [特征说明 ...]
    程序体
```

其中：

参数列表的格式为： 参数名称 参数类型。
返回值类型:可以是任何有效的 SQL 数据类型。
特征说明可以指定以下的特征格式。

```
LANGUAGE SQL
|[NOT] DETERMINISTIC
|{ CONTAINS SQL |NO SQL | READS SQL DATA |MODIFIES SQL DATA }
| SQL SECURITY{ DEFINER | INVOKER }
| COMMENT '注释说明'
```

5.3.2 【实战】创建和使用存储过程

下面通过具体的示例来演示如何创建存储过程，以及如何在 MySQL 中调用它。

1）创建第一个存储过程 sayHelloWorld，输出"Hello World"字符串。

```
set @ result = "";

delimiter $ $
create procedure sayHelloWorld()
begin
    select "Hello World" into @ result;
end
$ $
delimiter ;
```

> ☛ 提示
>
> 由于 MySQL 没有 print 函数，因此这里使用了一个用户变量保存要打印的字符串。语句"de-limiter $ $"的作用是将 SQL 语句的结束符从";"修改为"$ $"。这样在存储过程和存储函数的定义中，就不会将";"解释成语句的结束而造成错误。在存储过程和存储函数定义完成后，可以使用"delimiter ;"命令再将语句的结束符改回成";"。

2）调用存储过程 sayHelloWorld。

```
mysql> call sayHelloWorld();
```

3）打印"Hello World"字符串。

```
mysql> select @ result;
```

输出的信息如下。

```
+------------------+
|@ result        |
+------------------+
|Hello World     |
+------------------+
```

4）基于员工表（emp）创建存储过程 raiseSalaryByEmpno，为指定的员工涨 10%的工资，并输出涨前和涨后的薪水。

```
set @ beforeRaise = 0;
set @ afterRaise = 0;

delimiter $ $
create procedure raiseSalaryByEmpno(in eno int)
begin
  --查询员工涨前的薪水
  select sal into @ beforeRaise from emp where empno=eno;
  --给员工涨工资
  update emp set sal=sal* 1.1 where empno=eno;
  --得到涨后的薪水
  select sal into @ AfterRaise from emp where empno=eno;
end
$ $
delimiter ;
```

提示

　　这里定义了两个用户变量@ beforeRaise 和@ AfterRaise，分别用于保存员工涨前和涨后的薪水。另一方面，存储过程 raiseSalaryByEmpno 接收一个输入参数 eno 代表员工的员工号，这里的"in"表示输入参数。

　　5）调用存储过程 raiseSalaryByEmpno。

```
mysql> call raiseSalaryByEmpno(7839);
```

　　6）输出员工涨前和涨后的薪水。

```
mysql> select @ beforeRaise "涨前薪水",@ afterRaise "涨后薪水";
```

　　输出的信息如下。

```
+------------------+------------------+
|涨前薪水          |涨后薪水          |
+------------------+------------------+
|            5000|           5500 |
+------------------+------------------+
```

　　7）基于员工表（emp）创建存储过程 raiseSalary，为指定的员工涨指定额度的工资，并输出员工姓名、涨前和涨后的薪水。

```
set @ ename = "";
set @ beforeRaise = 0;
set @ AfterRaise = 0;

delimiter $ $
create procedure raiseSalary(in eno int,in rate float)
```

```
begin
  --查询员工的姓名
  select ename into @ ename from emp where empno=eno;

  --查询员工涨前的薪水
  select sal into @ beforeRaise from emp where empno=eno;

  --给员工涨指定额度的薪水
  update emp set sal=sal* rate where empno=eno;

  --查询员工涨后的薪水
  select sal into @ AfterRaise from emp where empno=eno;
end
$ $
delimiter ;
```

 提示 ·

　　存储函数 raiseSalary 接收了两个输入参数，分别是 eno（员工号）和 rate（指定涨工资的额度）。换句话说，存储过程可以接收多个输入参数。

　　8）调用存储过程 raiseSalary。

```
mysql> call raiseSalary(7566,1.2);
```

　　9）输出返回的信息。

```
select @ ename "员工姓名",@ beforeRaise "涨前薪水",@ afterRaise "涨后薪水";
```

　　输出的信息如下。

```
+------------------+-----------------+-----------------+
| 员工姓名          | 涨前薪水         | 涨后薪水         |
+------------------+-----------------+-----------------+
| JONES            |             2975|             3570|
+------------------+-----------------+-----------------+
```

5.3.3　【实战】创建和使用存储函数

　　存储函数与存储过程的最大区别就在于存储函数可以通过 reture 子句返回函数的值，而存储过程没有 return 子句。下面将通过一个具体的示例来演示如何使用存储函数。

　　1）创建存储函数 queryEmpTotalIncome，查询指定员工的年收入。

```
delimiter $ $
create function queryEmpTotalIncome(eno int)
returns int
```

```
begin
  --定义局部变量保存员工的月薪和奖金
  declare psalary int default 0;
  declare pcomm int default 0;

  --查询指定员工的月薪和奖金
  select sal,nvl(comm,0) into psalary, pcomm from emp where empno=eno;

  --返回员工的年收入
  return psalary* 12+pcomm;
end
$ $
delimiter ;
```

—•💡 提示 •—

这里创建存储函数时，会出现下面的错误。

```
ERROR 1418 (HY000):
This function has none of DETERMINISTIC, NO SQL, or READS SQL DATA
in its declaration and binary logging is enabled
(you * might*  want to use the less safe log_bin_trust_function_creators variable)
```

这是由于 MySQL 开启了 binlog 日志，就必须指定存储函数是 DETERMINISTIC、NO SQL、READS SQL DATA 中的一种类型，或者也可以将 log_bin_trust_function_creators 设置为 TRUE 来避免这个问题。

2）开启存储函数创建者的信任机制，并重新创建存储函数 queryEmpTotalIncome。

```
mysql> set global log_bin_trust_function_creators=TRUE;
```

3）调用存储函数 queryEmpTotalIncome。

```
mysql> select queryEmpTotalIncome(7566);
```

5.3.4 【实战】存储过程中的 out 和 inout 参数

在 5.3.2 小节中创建的存储过程 raiseSalaryByEmpno 中，使用了一个 in 参数代表员工的员工号。在调用该存储过程时，需要传递一个输入参数给 raiseSalaryByEmpno。

在存储过程中除了使用 in 代表输入参数以外，还可以使用 out 和 inout 参数。out 参数代表输出参数值，而 inout 参数代表既能输入一个参数值又能输出一个参数值。

下面通过具体的示例来演示如何使用 out 和 inout 参数。

1）创建存储过程 queryEmpInfo 查询指定员工的姓名和薪水。

```
delimiter $ $

create procedure queryEmpInfo
(in eno int,out pename varchar(10),out psal int)
begin
    select ename,sal into pename,psal from emp where empno=eno;
end
$ $

delimiter ;
```

2）调用存储过程 queryEmpInfo。

```
mysql> set @ ename = "";
mysql> set @ salary = 0;
mysql> call queryEmpInfo(7839,@ ename,@ salary);
```

3）打印返回的员工姓名和薪水。

```
mysql> select @ ename 员工姓名,@ salary 薪水;
```

输出的信息如下。

```
+--------------------+------------+
|员工姓名            |薪水        |
+--------------------+------------+
|KING                |  6050      |
+--------------------+------------+
```

4）创建存储过程 queryEmpSalary 查询指定员工的薪水。

```
delimiter $ $

create procedure queryEmpSalary
(inout pnum int)
begin
    select sal into pnum from emp where empno=pnum;
end
$ $
delimiter ;
```

5）调用存储过程 queryEmpSalary。

```
mysql> set @ pnum=7839;
mysql> call queryEmpSalary(@ pnum);
```

6）打印返回的员工薪水。

```
mysql> select @ pnum;
```

输出的信息如下。

```
+----------+
|@ pnum |
+----------+
|   6050 |
+----------+
```

5.4　MySQL 的触发器

触发器是与表相关的数据库对象，在满足定义条件时会被触发，并自动执行触发器中定义的语句序列。触发器的这种特性可以协助应用在数据库端确保数据的完整性。因此，从功能特性上看，MySQL 的触发器与 MySQL 的事件类似。但二者的区别在于触发器是基于条件的，而事件是基于时间的。

5.4.1　触发器的定义

创建 MySQL 触发器的语法格式如下。

```
create trigger 触发器的名称
before | after
insert | delete | update
ON 表名
[for each row]
触发器的程序体
```

其中：

before ｜ after：表示操作之前被触发，还是操作之后被触发。

insert ｜ delete｜ update：表示执行的操作。

for each row：表示触发器的类型，分为语句级触发器和行级触发器两种类型。

5.4.2　MySQL 触发器的类型

触发器分为两种不同的类型：语句级触发器和行级触发器。这两种不同类型的触发器在定义时通过 for each row 进行区分。

- 语句级触发器。语句级触发器是指在指定的操作语句之前或者之后执行一次，不管这个操作影响了多少行记录。换句话说，语句级触发器针对的是表。
- 行级触发器。行级触发器是指触发语句作用的每一条记录都被触发。换句话说，行级触发器就是针对表中的每一行。

不管在语句级触发器还是行级触发器中，都可以使用 old 和 new 关键字来表示同一行数据在操作之前和操作之后的值。以员工表（emp）为例，old. sal 表示操作该行之前员工的薪水，而 new. sal 表示操作该行之后员工的薪水。

> 💾 **提示** ●
>
> old 和 new 表示表中同一行，区别是 old 表示操作之前，而 new 表示操作之后。

5.4.3　触发器应用案例

本小节将通过具体的示例来演示如何在 MySQL 数据库中创建并使用触发器完成业务逻辑的检查。

1. 利用触发器实现安全性检查

利用数据库的触发器可以实现安全性的检查。这里的需求是：禁止在周末时间往员工表中插入数据。例如：今天如果是星期天就不允许在员工表上执行 insert 操作。

1）创建触发器 securityemp 判断是否是周末时间，如果是，则禁止在员工表上插入数据，并返回错误信息。

```
set @ error_message="";

delimiter $ $
create trigger securityemp
before insert
on emp
for each row
begin

    if dayofweek(current_timestamp) in (1,7) then
        set @ error_message="禁止在周末时间插入员工数据";
        signal sqlstate '12345';
    end if;

end $ $
delimiter ;
```

> 💾 **提示** ●
>
> 触发器 securityemp 通过使用 dayofweek（current_timestamp）判断今天是一周中的哪一天。如果是周末，则抛出错误信息 error_message，并记录自定义的错误代码 12345。

2）在星期六或者星期日的时候，在员工表上执行 insert 操作。

```
mysql> insert into emp(empno,ename,sal,deptno) values(1234,'Tom',1234,10);
```

此时将抛出下面的错误信息。

```
ERROR 1644 (12345): Unhandled user-defined exception condition
```

> 💡 **提示**
>
> 这里看到自定义的错误代码"12345"被抛出了。因此执行的 insert 语句将会被回滚。

3）查询 error_message 的信息。

```
mysql> select @ error_message;
```

输出的信息如下。

```
+-----------------------------------------------------+
| @ error_message                                     |
+-----------------------------------------------------+
| 禁止在周末时间插入员工数据                              |
+-----------------------------------------------------+
```

2. 利用触发器进行数据确认

利用数据库的触发器还可以在更新数据之前，对数据进行确认。例如：员工涨工资后的薪水不能比涨工资之前少。这样的需求就可以使用触发器来实现。

1）创建触发器 checksalary 用于确定员工涨工资后的薪水不能比涨工资之前少。

```
delimiter $ $

set @ error_message = "";

create trigger checksalary
before update
on emp
for each row
begin
  if  new.sal < old.sal then
     set @ error_message=concat("涨后的薪水不能比涨前少。员工号:",new.empno);
     signal sqlstate '45678';
  end if;

end
$ $
delimiter ;
```

> 💡 **提示**
>
> 在触发器 checksalary 中使用了 new.sal 和 old.sal 来表示在执行 update 操作时，同一个员工的薪水在更新后和更新前的值。当更新后的薪水小于更新前的薪水，则抛出错误代码'45678'，并同时记录错误信息。

2）执行 update 操作更新员工薪水。

```
mysql> update emp set sal=sal-100;
```

则此时输出的错误信息如下。

```
ERROR 1644 (45678): Unhandled user-defined exception condition
```

3）查询 error_message 的信息。

```
mysql> select @ error_message;
```

输出的信息如下。

```
+-------------------------------------------------------------------+
| @ error_message                                                   |
+-------------------------------------------------------------------+
| 涨后的薪水不能比涨前少。员工号:7369                                |
+-------------------------------------------------------------------+
```

3. 利用触发器实现审计

由于数据库的触发器一旦触发的条件被满足，就自动执行定义的语句序列。因此可以使用触发器来完成审计的功能。例如：招聘新员工入职时，审计部门人数超过 5 个人的部门信息。

1）创建一张新表用于保存审计的信息。

```
mysql> create tablre audit_message(info varchar(50));
```

2）创建触发器完成审计的功能。

```
delimiter $ $

create trigger audit_emp_number
after insert
on emp
for each row
begin
  --定义变量保存部门的员工总数
  declare empTotal int default 0;

  --统计部门的人数
  select count(*) into empTotal from emp where deptno=new.deptno;

  if  empTotal > 5 then
    insert into audit_message
values(concat("部门 ",new.deptno,"已超过 5 个人"));
  end if;
end
$ $
delimiter ;
```

3）插入一个 10 号部门的员工。

```
mysql> insert into emp(empno,ename,sal,deptno) values(1,'Tom',1000,10);
```

4）查询 audit_message 中的审计信息，此时将没有任何的审计记录。

```
mysql> select *  from audit_message;
```

5）再插入一个 30 号部门的员工。

```
mysql> insert into emp(empno,ename,sal,deptno) values(2,'Mike',1000,30);
```

6）再次查询 audit_message 中的审计信息。

```
mysql> select *  from audit_message;
```

输出的信息如下。

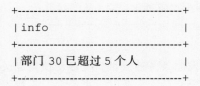

```
+---------------------------------------+
| info                                  |
+---------------------------------------+
| 部门 30 已超过 5 个人                   |
+---------------------------------------+
```

第6章 MySQL的事务与锁

在数据库的操作中，事务是为了保持逻辑数据一致性与可恢复性。锁是数据库提供的一种管理机制，用于规定并发访问同一数据库资源时的访问先后次序。事务的实现需要依赖数据库提供的锁。

6.1 MySQL 的事务

MySQL 支持 3 种不同的存储引擎：MyISAM 存储引擎、Memory 存储引擎和 InnoDB 存储引擎，但只有 InnoDB 存储引擎才支持事务。

6.1.1 事务简介

事务是关系型数据库与 NoSQL 数据库最大的区别。关系型数据库，如 MySQL、Oracle 等都是支持事务的。尽管一些 NoSQL 数据库，如 Redis 也支持简单的事务，但是却不能严格地保证数据库的一致性和完整性。

1. 事务的定义

数据库的事务通常由一组 DML 语句组成，即 insert、update 和 delete。通过事务可以保证数据库中数据的完整性，保证这一组 DML 操作要么全部执行，要么全部不执行。因此，可以把事务看成是一个逻辑工作单元，可以通过提交或者回滚操作来结束一个事务。当事务被成功提交给数据库时，事务会保证其中的所有操作都成功完成且结果被永久保存在数据库中；如果有部分操作没有成功完成，事务中的所有操作都需要被执行回滚，数据则回到事务执行前的状态。

数据库之所以提供事务的机制，主要有以下两个目的。

- 为数据库的一组操作提供了一个从失败中恢复到正常状态的途径，同时保证了数据库即使在异常状态下也仍能保持数据的一致性。
- 当多个应用程序在并发访问数据库时，可以在这些应用程序之间提供一个隔离方法，以防止彼此的操作互相干扰。

> **提示**
>
> 在默认情况下，MySQL 是自动提交事务的，即当成功执行每一条 DML 语句后马上提交。因此，在 MySQL 中可以把一条 DML 语句看成是一个事务。如果要显式开启一个事务，可以通过以下两种不同的方式。

方式一：使用 begin 或者 start transaction 命令。

```
mysql> start transaction;
mysql> DML 操作语句
```

方式二：使用命令禁止当前会话的自动提交。

```
mysql> set autocommit=0;
mysql> DML 操作语句
```

2. 事务的特征

数据库的事务应当具备 4 个不同的特性，即事务的 ACID 特性。ACID 分别代表原子性（Atomicity）、一致性（Consistency）、隔离性（Isolation）和持久性（Durability）。下面分别介绍这四种不同的特性。

- Atomicity：原子性。原子性是指事务中的所有 DML 操作，要么全部执行成功，要么全部执行失败，不会存在部分执行成功，另一部分执行失败的情况。事务在执行过程中发生错误，操作的数据会被回滚（Rollback）到事务开始前的状态，相当于事务没有执行过。
- Consistency：一致性。一致性是指事务在开始执行前和事务执行结束后，数据库中数据的完整性没有被破坏。数据应该从一个正确的状态，转换到另一个正确的状态，并且完全符合所有的预设规则，数据不会存在一个中间的状态。

> 📖 提示
>
> 事务执行结束包含两种情况，即提交事务和回滚事务。这两种操作都表示一个事务执行结束了。

- Isolation：隔离性。隔离性由于数据库支持并发操作，它允许多个客户端或者多个事务同时操作数据库中的数据。因此，数据库就必须要有一种方式来隔离不同的操作，防止各事务并发执行时由于交叉执行而导致数据的不一致，这就是事务的隔离性。数据库的隔离性有不同的隔离级别。事务的隔离级别会在 6.1.4 小节中进行介绍。
- Durability：持久性。持久性是指当事务成功执行结束后，即提交成功，事务对数据的修改就是永久的。数据不会因为系统出现故障而丢失。因此，为了实现事务的持久性，MySQL与 Oracle 一样在提交事务时都采用的是预写日志的方式。即提交事务时，先写日志，再写数据。只要日志成功写入，就是事务提交成功。

> 📖 提示
>
> Oracle 的日志叫作 Redo Log，即重做日志；而 MySQL 的日志请参考 2.1.2 小节的内容。

6.1.2　控制事务

SQL 的标准中定义了事务的控制语句，而关系型数据库都支持这样的标准。因此，在如何控制事务方面，MySQL 与其他的关系型数据库类似。

1. 事务的控制语句

通过事务的控制语句可以开启一个事务、提交一个事务和回滚一个事务。MySQL 同时还提供了保存点（Savepoint）的机制，以方便在执行事务发生错误的时候，可以控制事务回滚的位置。表 6-1 列举了与事务相关的控制语句以及它们的作用。

2. 使用事务的控制语句

在了解事务的控制语句后，下面将通过具体的示例来演示如何在 MySQL 数据库中使用事务。这里使用之前创建的员工表（emp）数据进行演示。

表 6-1

事务的控制语句	作　用
begin 或者 start transaction	二者都是显式开启一个事务
commit 或者 commit work	二者都是提交事务，使已对数据库进行的所有修改成为永久性的
rollback 或者 rollback work	二者都是回滚事务，并撤销已经修改但未提交的所有的操作
savepoint［保存点名称］	在事务中创建一个保存点，一个事务中可以有多个保存点
releasesavepoint［保存点名称］	删除事务中的保存点
rollback to［保存点名称］	回滚事务到指定的保存点
set transaction	设置事务的隔离级别

1）打开 MySQL 的命令行窗口并执行查询名叫 KING 和 JONES 员工的薪水。

```
mysql> select ename,sal from emp where ename in ('KING','JONES');
```

输出的信息如下。

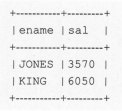

```
+----------+---------+
| ename | sal   |
+----------+---------+
| JONES | 3570 |
| KING  | 6050 |
+----------+---------+
```

2）开启事务，从 KING 的账号转账 100 元给 JONES。

```
mysql> start transaction;
mysql> update emp set sal=sal-100 where ename='KING';
mysql> update emp set sal=sal+100 where ename='JONES';
```

3）重新查询 KING 和 JONES 的薪水。

```
mysql> select ename,sal from emp where ename in ('KING','JONES');
```

输出的信息如下。

```
+----------+--------+
| ename | sal  |
+----------+--------+
| JONES | 3670 |
| KING  | 5950 |
+----------+--------+
```

> **提示**
>
> 从输出的信息可以看出 100 元已经完成了转账的过程，但当前事务并没有执行提交的操作。

4）直接关闭当前会话的命令窗口，以模拟客户端发生异常而中断出错。

5）重新登录 MySQL 数据库，并查询 KING 和 JONES 的薪水。

```
mysql> use demo1;
mysql> select ename,sal from emp where ename in ('KING','JONES');
```

输出的信息如下。

```
+----------+--------+
| ename | sal  |
+----------+--------+
| JONES | 3570 |
| KING  | 6050 |
+----------+--------+
```

> **提示**
>
> 这里可以看出由于事务并未提交，当数据库发生异常时，事务自动进行了回滚操作，撤销了第 2）步中 update 语句的更新操作。

6）重新执行第 2）步，并提交事务。

```
mysql> commit;
```

7）再次执行第 4）步和第 5）步。此时会发现，即使数据库发生了异常，由于事务已经成功提交，对数据的修改也将永久地保存下来。输出的信息如下。

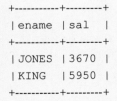

```
+----------+--------+
| ename | sal  |
+----------+--------+
| JONES | 3670 |
| KING  | 5950 |
+----------+--------+
```

8）重新开启一个事务，并再次从 KING 的账号转账 100 元给 JONES。

```
mysql> start transaction;
mysql> update emp set sal=sal-100 where ename='KING';
mysql> savepoint point1;
mysql> update emp set sal=sal+100 where ename='JONES';
```

💡 提示 ·

这里在事务中设置了一个保存点point1，可用于控制事务回滚的位置。

9）查询 KING 和 JONES 的薪水。

```
mysql> select ename,sal from emp where ename in ('KING','JONES');
```

输出的信息如下。

```
+----------+--------+
| ename | sal |
+----------+--------+
| JONES | 3770 |
| KING | 5850 |
+----------+--------+
```

10）将事务回滚到保存点 point1。

```
mysql> rollback to savepoint point1;
```

11）再次查询 KING 和 JONES 的薪水。

```
mysql> select ename,sal from emp where ename in ('KING','JONES');
```

输出的信息如下。

```
+----------+--------+
| ename | sal |
+----------+--------+
| JONES | 3670 |
| KING | 5850 |
+----------+--------+
```

💡 提示 ·

从输出的信息可以看出，由于在执行回滚操作时指定了保存点的位置，因此只有第二条update 语句被撤销了，第一条 update 语句依然有效。

此时，整个事务也并没有执行提交操作。如果发生异常，事务将自动回滚到第一条 update 语句。

12）撤销整个事务。

```
mysql> rollback;
```

6.1.3　事务的并发

数据库允许多个客户端同时访问。当这些客户端并发访问数据库中同一部分的数据时，如果没有采取必要的隔离措施就容易造成并发一致性问题，从而破坏数据的完整性。如图 6-1 所示的场景。

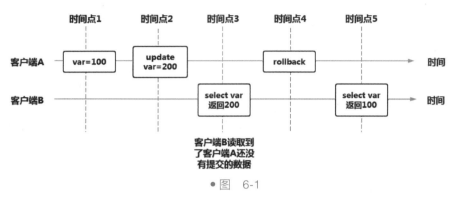

●图 6-1

在时间点 1 上，var 的数值是 100。客户端 A 在时间点 2 的时候更新它的值为 200，但没有提交事务。在时间点 3 的时候，客户端 B 读取到了客户端 A 还未提交的数值 200。但在时间点 4，客户端 A 执行了回滚操作。那么，对于客户端 B 来说，如果在时间点 5 再次读取数据，得到就应该是 100。那么客户端 B 就有了数据不一致的问题。而造成问题的根本原因在于，客户端 B 读取了客户端 A 还没有提交的事务中的数据。

1. MySQL 事务的隔离级别

为了解决数据在并发访问时，数据的一致性问题。MySQL 数据库提供了 4 种事务的隔离级别，它们分别是读未提交（READ-UNCOMMITTED）、读已提交（READ-COMMITTED）、可重复读（RE-PEATABLE-READ）和可序列化读（SERIALIZABLE）。执行下面的语句可以得到 MySQL 默认的事务隔离级别是可重复读。

```
mysql> show variables like '% isolation% ';
```

输出的信息如下。

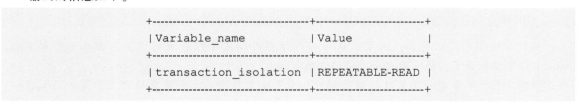

MySQL 数据库在不同的事务隔离级别下会有不同的行为，从而在并发访问数据的时候会带来不同的问题。表 6-2 列举了在不同的事务隔离级别下，MySQL 可能存在的不同问题。

表 6-2

事务的隔离级别	脏 读	不可重复读	幻 读
读未提交	√	√	√
读已提交	×	√	√
可重复读	×	×	√
可序列化读	×	×	×

下面将通过设置不同的 MySQL 事务隔离级别，来说明什么是脏读、不可重复读和幻读的问题。

2. 事务的脏读

脏读是指一个事务读取到了另一个事务还没有提交的数据，图 6-1 就是脏读的一个示例。数据库一旦发生了脏读的问题是非常危险的。下面通过具体的示例来演示脏读。

1）创建一张新表用于测试，并往表中插入一些测试数据。

```
mysql> create table transactiondemo
       (tid int,tname varchar(10),money int);

mysql> insert into transactiondemo values(1,'Tom',1000);
mysql> insert into transactiondemo values(2,'Mike',1000);
```

2）查询表 transactiondemo 中的数据。

```
mysql> select *  from transactiondemo;
```

输出的信息如下。

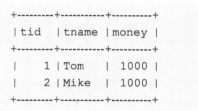

```
+---------+----------+---------+
|tid      |tname     |money    |
+---------+----------+---------+
|       1 |Tom       | 1000    |
|       2 |Mike      | 1000    |
+---------+----------+---------+
```

 提示

在初始状态下，Tom 和 Mike 各有 1000 元。

3）打开两个命令行窗口登录 MySQL 数据库，设置其中一个会话的事务隔离级别为 READ-UN-COMMITTED。然后两个会话窗口开启各自的会话，如图 6-2 所示。

```
mysql> set session transaction isolation level read uncommitted;
```

提示

由于 MySQL 在默认的事务隔离级别下不会发生脏读的问题，因此可以手动修改一下事务的隔离级别。例如，将右侧窗口会话的事务隔离级别设置为 READ-UNCOMMITTED。此时，右侧窗口中的事务就可能发生脏读的问题。

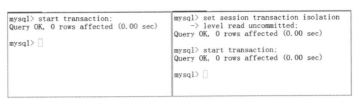

● 图 6-2

4）现在模拟一个实际的场景。左边的窗口是买家 Tom，右边的窗口是卖家 Mike。Tom 给 Mike 转账 100 元用于购买商品，但 Tom 并没有提交事务。在左边窗口中执行下面的语句。

```
mysql> update transactiondemo set money=money+100 where tname='Mike';
```

5）右边窗口的卖家 Mike 由于事务的隔离级别是 READ-UNCOMMITTED，它就会发生脏读的问题。此时 Mike 可以查询到收到了 Tom 转过来的 100 元，于是就把商品寄出去了，如图 6-3 所示。

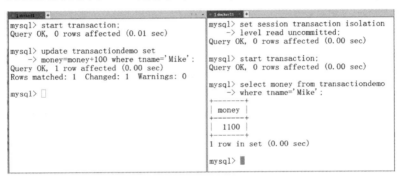

● 图 6-3

6）当左边窗口的 Tom 收到购买的商品后，由于他并没有提交事务，于是 Tom 执行了回滚事务的操作。在左边窗口中执行下面的语句。

```
mysql> rollback;
```

7）此时，卖家 Mike 再次查询钱是否到账时，就会发现丢失了 100 元，如图 6-4 所示。

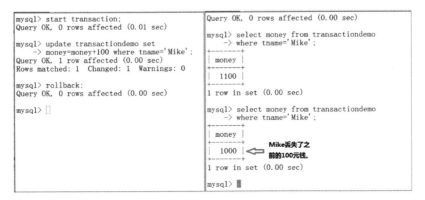

● 图 6-4

提示 ◆

如果数据库事务操作中存在脏读的问题，通过上面的示例可以看出，脏读是非常危险的。要避免脏读问题，只需要把事务的隔离级别提高到 READ-COMMITTED 就可以了。

8）下面的语句是将事务的隔离级别设置为 READ-COMMITTED，并重复第 3）步到第 7）步的操作，此时就可以发现事务中不存在脏读的问题。

```
mysql> set session transaction isolation level read committed;
```

 提示 ◆

在 READ-COMMITTED 的隔离级别下，尽管可以避免脏读的发送，但是在该隔离级别下，却还是存在不可重复读的问题。

3. 事务的不可重复读

不可重复读是指在同一个事务中，前后两次读取的数据结果不一致。这个时候就无法判断哪一个结果是正确的。还是使用下面的测试数据进行演示。

```
mysql> select *  from transactiondemo;
```

输出的信息如下。

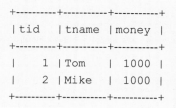

通过下面的示例来演示不可重复读的问题。

1）开启两个会话窗口，并把右边窗口会话的事务隔离级别设置为 READ-COMMITTED。两个创建开启事务，如图 6-5 所示。

```
mysql> set session transaction isolation level read committed;
```

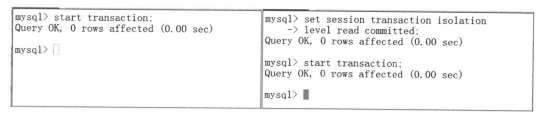

● 图 6-5

2）模拟一个真实的场景。左边的窗口代表储户，而右边的窗口代表银行。银行现在要统计存款总额有多少，于是开启了一个事务进行统计，并执行了下面的语句。

```
mysql> select sum(money) from transactiondemo;
```

输出的信息如图 6-6 所示。

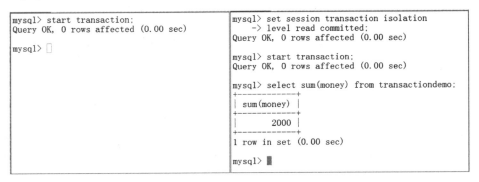

● 图 6-6

> **提示**
>
> 此时右边银行窗口并没有结束当前的事务操作。

3）左边的储户往自己的账号里存了 100 元钱，并且提交了事务。

```
mysql> update transactiondemo set money=money+100 where tid=1;
mysql> commit;
```

4）此时右边窗口的银行在同一个事务中再次统计存款的总额，就会发现与之前的结果不一致了，如图 6-7 所示。

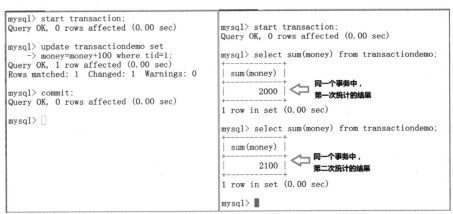

● 图 6-7

> **提示**
>
> 由于此时银行会话窗口中的事务产生了不可重复读的问题，因此就无法判断到底哪一个统计结果是正确的。如果要避免不可重复读的问题，只需要把事务的隔离级别再提高一级到 RE-PEATABLE-READ，即 MySQL 默认的事务隔离级别，就可以避免这样的问题了。

5）下面的语句是将事务隔离级别设置为 REPEATABLE-READ。

```
mysql> set session transaction isolation level repeatable read;
```

6）重复第 1）步到第 4）步的操作。

> **提示**
>
> 在 REPEATABLE-READ 的事务隔离级别下尽管避免了不可重复读的问题，但却存在幻读的问题。幻读是指在一个事务中读取了其他事务新插入的未提交数据。读者可以根据上面的步骤来进行测试。
>
> 要避免幻读的问题，可以再次提高事务的隔离级别到 SERIALIZABLE。该隔离级别可以理解为将 MySQL 设置成了单线程的工作模式。即使执行查询操作也需要等待其他事务完成后，才能执行。因此，尽管 SERIALIZABLE 的隔离级别解决了幻读的问题，但它却严重影响了数据库的性能，一定要谨慎使用。

6.2　MySQL 的锁

在并发环境下为了解决并发一致性问题保证事务的隔离性，MySQL 采用了锁的机制。当一个事务在进行操作时会对操作的数据进行加锁，从而限制另一个事务的操作。为保证数据库的效率和性能，加锁的粒度不宜太大。

> **提示**
>
> 本节内容将重点讨论 InnoDB 的锁机制。

6.2.1　InnoDB 的锁类型

MySQL 的不同存储引擎采用的锁机制不完全相同。MyISAM 存储引擎和 Memory 存储引擎采用表级锁，而 InnoDB 存储引擎既支持行级锁，也支持表级锁，但 InnoDB 默认采用的行级锁。

1. InnoDB 的行级锁

InnoDB 默认采用的是行级锁，并实现了以下两种类型的行级锁。

- 共享锁（S）。共享锁也叫作读锁。在同一个数据对象上可以有多把共享锁。如果一个事务在数据对象上加上了共享锁，则该事务可以读取数据但不能修改数据。其他的事务也可以在该数据对象上继续添加共享锁，也可以读取该数据，但同样也不能修改数据。
- 排他锁（X）。排他锁也叫作写锁。在同一个数据对象上只允许有一把排他锁，获取到数据排他锁的事务可以读取数据和修改数据。一旦数据被加上了排他锁，其他事务就不允许再对该数据添加任何类型的行级锁。

•📖 提示 •

查询语句 select 默认不会加任何锁类型。因此当数据上有了排他锁，还是可以通过查询语句 select 获取数据的。但是使用查询语句 select 也可以为数据加锁。例如：使用 select …for update 语句可以为数据添加排他锁；而使用 select … lock in share mode 语句可以为数据添加共享锁。

---

2. InnoDB 的表级锁

InnoDB 为了实现同时支持行级锁和表级锁，在其内部使用了两种类型的意向锁（Intention Locks）来实现多粒度锁机制。这两种意向锁都是表级锁。

- 意向共享锁（IS）。事务在给数据添加行级共享锁之前，必须先取得该表的意向共享锁。
- 意向排他锁（IX）。事务在给数据添加行级排他锁之前，必须先取得该表的意向排他锁。

•📖 提示 •

由于意向锁是 InnoDB 存储引擎自动加的，不需用户干预，是其内部使用的锁机制，因此对于普通的操作人员来说不需要过多地关注这两种类型锁。

如果一个事务请求的锁模式与当前数据的锁模式兼容，InnoDB 引擎就将事务请求的锁授予该事务；反之，如果两者不兼容，该事务就要等待当前的锁释放。表 6-3 列出了 InnoDB 引擎锁与锁之间的兼容模式。

表 6-3

事务已有的锁 / 事务请求的锁	X	IX	S	IS
X	冲突	冲突	冲突	冲突
IX	冲突	兼容	冲突	兼容
S	冲突	冲突	兼容	兼容
IS	冲突	兼容	兼容	兼容

6.2.2 【实战】InnoDB 的锁机制

值得注意的是，InnoDB 的行锁是通过索引实现的，这就意味着只有通过索引查询数据时，InnoDB 引擎才会使用行级锁。否则，InnoDB 存储引擎将使用表级锁。下面通过具体的示例演示来测试 InnoDB 的锁机制。

1）创建一张新表作为测试表。

```
mysql> create table testlock(id int,name varchar(10));
```

2）往表中插入数据。

```
mysql> insert into testlock values(1,'Tom'),(2,'Mike'),(3,'Mary'),(4,'Jones');
```

提示

testlock 表中目前还没有创建索引。

3）开启两个会话窗口，并且禁止事务自动提交，如图 6-8 所示。

会话1

```
mysql> set autocommit=0;
Query OK, 0 rows affected (0.00 sec)

mysql> □
```

会话2

```
mysql> set autocommit=0;
Query OK, 0 rows affected (0.00 sec)

mysql> □
```

● 图 6-8

4）在会话 1 和会话 2 中分别执行下面的查询语句。

会话 1:
```
mysql> select *  from testlock where id=1;
```

会话 2:
```
mysql> select *  from testlock where id=2;
```

由于查询语句不会添加任何类型的锁，因此这两条语句都将成功执行，如图 6-9 所示。

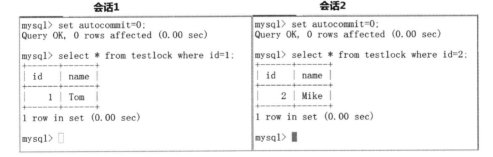

● 图 6-9

5）在会话 1 中执行下面的查询语句。

```
mysql> select *  from testlock where id=1 for update;
```

提示

这条查询语句将为数据添加排他锁。由于表上并没有索引，尽管这里操作了一行数据，也将在整张表加上排他锁。

6）在会话 2 中执行下面的查询语句，如图 6-10 所示。

```
mysql> select *  from testlock where id=2 for update;
```

> 💡 **提示** ·

尽管会话2此时操作 id 号为2的数据，但由于会话1在第5）步已经为表加上了表级锁，因此此时会话2的操作会被阻塞，直到会话1释放锁。

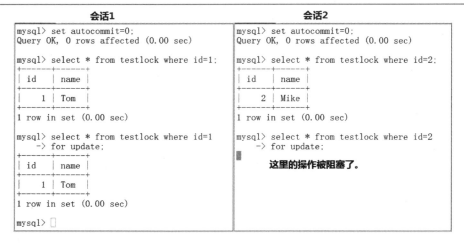

```
                        会话1                                              会话2
mysql> set autocommit=0;                         mysql> set autocommit=0;
Query OK, 0 rows affected (0.00 sec)             Query OK, 0 rows affected (0.00 sec)

mysql> select * from testlock where id=1;        mysql> select * from testlock where id=2;
+------+------+                                   +------+------+
| id   | name |                                   | id   | name |
+------+------+                                   +------+------+
|    1 | Tom  |                                   |    2 | Mike |
+------+------+                                   +------+------+
1 row in set (0.00 sec)                           1 row in set (0.00 sec)

mysql> select * from testlock where id=1         mysql> select * from testlock where id=2
    -> for update;                                    -> for update;
+------+------+
| id   | name |                                       这里的操作被阻塞了。
+------+------+
|    1 | Tom  |
+------+------+
1 row in set (0.00 sec)

mysql>
```

● 图 6-10

7）在会话1和会话2中执行回滚操作。

```
mysql> rollback;
```

8）在表 testlock 的 id 列上添加索引。

```
mysql> alter table testlock add index(id);
```

9）重复第5）步和第6）步的操作。此时由于在表上添加了索引信息，InnoDB 将通过索引为表中的行加上行级锁，而不再给表添加表级锁。会话1和会话2的查询操作都可以成功执行，如图 6-11 所示。

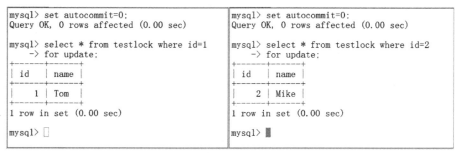

```
mysql> set autocommit=0;                         mysql> set autocommit=0;
Query OK, 0 rows affected (0.00 sec)             Query OK, 0 rows affected (0.00 sec)

mysql> select * from testlock where id=1         mysql> select * from testlock where id=2
    -> for update;                                    -> for update;
+------+------+                                   +------+------+
| id   | name |                                   | id   | name |
+------+------+                                   +------+------+
|    1 | Tom  |                                   |    2 | Mike |
+------+------+                                   +------+------+
1 row in set (0.00 sec)                           1 row in set (0.00 sec)

mysql>                                            mysql>
```

● 图 6-11

> 💡 **提示** ·

MySQL 的行级锁是针对索引加的锁，不是针对表中行加级锁。虽然是访问不同行的记录，但是如果表中不存在对应的索引，或者使用了相同的索引，就会造成锁的冲突而锁住整张表。

6.2.3　死锁

死锁是指两个或两个以上事务在执行过程中，因为互相的等待或者因为争抢相同的资源而造成的互相等待现象。

1. MySQL 死锁的产生

这里以上面创建的 testlock 表为例来进行演示。

> 💡 提示 •
>
> 在表 testlock 上的 id 列已经创建了索引。

1）开启两个会话窗口，并且禁止事务自动提交，如图 6-12 所示。

会话1	会话2
```mysql> set autocommit=0;Query OK, 0 rows affected (0.00 sec)mysql> ```	```mysql> set autocommit=0;Query OK, 0 rows affected (0.00 sec)mysql> ```

• 图　6-12

2）在会话 1 中执行下面的更新操作。

```
mysql> update testlock set name='Tom123' where id=1;
```

3）在会话 2 中执行下面的更新操作。

```
mysql> update testlock set name='Mike456' where id=2;
```

> 💡 提示 •
>
> 由于这两条 update 操作更新的是不同行，并且 id 列有对应的索引。因此，InnoDB 会在每一行添加对应的行级锁。执行的结果如图 6-13 所示。

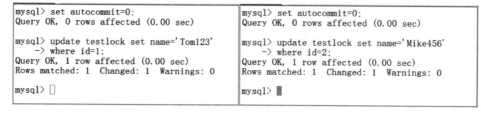

会话1	会话2
```mysql> set autocommit=0;Query OK, 0 rows affected (0.00 sec)mysql> update testlock set name='Tom123' -> where id=1;Query OK, 1 row affected (0.00 sec)Rows matched: 1 Changed: 1 Warnings: 0mysql> ```	```mysql> set autocommit=0;Query OK, 0 rows affected (0.00 sec)mysql> update testlock set name='Mike456' -> where id=2;Query OK, 1 row affected (0.00 sec)Rows matched: 1 Changed: 1 Warnings: 0mysql> ```

• 图　6-13

4）在会话 1 中执行下面的更新操作。注意：目前 id 为 2 的记录已经被会话 2 锁住。

```
mysql> update testlock set name='Mike456' where id=2;
```

5）在会话 2 中执行下面的更新操作。注意：目前 id 为 1 的记录已经被会话 1 锁住。

```
mysql> update testlock set name='Tom123' where id=1;
```

6）此时，MySQL 就会产生一个死锁，如图 6-14 所示。

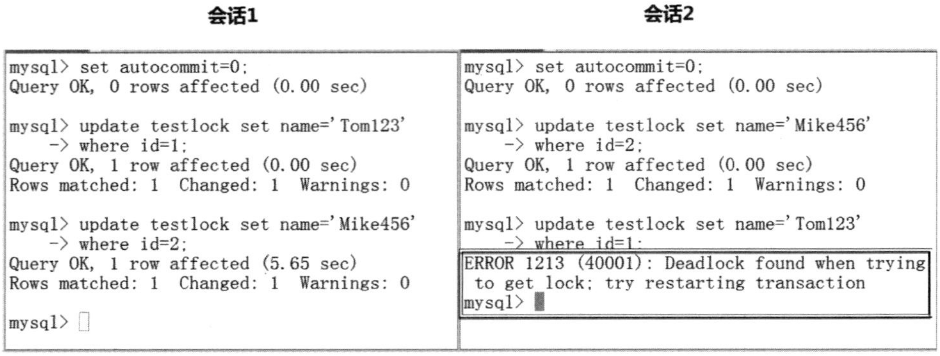

● 图 6-14

7）执行下面的语句查看 InnoDB 引擎的状态。

```
mysql> show engine innodb status \G;
```

输出的信息如下。

```
------------------------
LATEST DETECTED DEADLOCK
------------------------
2022-02-26 21:59:33 0x7f822e4e6700
*** (1) TRANSACTION:
......
*** (1) HOLDS THE LOCK(S):
......
 0:len 4; hex 80000001; asc;;
 1:len 6; hex 000000000403; asc;;
*** (1) WAITING FOR THIS LOCK TO BE GRANTED:
......
 0:len 4; hex 80000002; asc;;
 1:len 6; hex 000000000404; asc;;

*** (2) TRANSACTION:
......
*** (2) HOLDS THE LOCK(S):
......
```

```
0:len 4; hex 80000002; asc;;
1:len 6; hex 000000000404; asc;;
* * * (2) WAITING FOR THIS LOCK TO BE GRANTED:
......
0:len 4; hex 80000001; asc;;
1:len 6; hex 000000000403; asc;;
* * * WE ROLL BACK TRANSACTION (2)
```

从上面的输出信息可以看出：

- 事务 1 拿到了两把锁，分别是：80000001 和 000000000403；事务 2 正好又在等待这两把锁。
- 事务 1 在等待两把锁，分别是 80000002 和 000000000404；但是这两把锁正好被事务 2 拿着。

这时便造成了事务的互相等待，从而产生了死锁。当产生死锁时，MySQL 与 Oracle 的处理机制是一样的，都会自动回滚引起死锁的事务。从上面的信息可以看出，InnoDB 引擎回滚了事务 2。

2. 如何避免死锁

避免死锁应注意以下几点。

- 以固定的顺序访问表和行。比如两个任务批量更新的情形，简单方法是对 id 列表先排序，后执行，这样就避免了交叉等待锁的情形；又比如对于 3.1 节的情形，将两个事务的 SQL 顺序调整为一致，也能避免死锁。
- 大事务拆小。大事务更倾向于死锁，如果业务允许，将大事务拆小。
- 在同一个事务中，尽可能做到一次锁定所需要的所有资源，减少死锁概率。
- 降低隔离级别。如果业务允许，将隔离级别调低也是较好的选择，比如将隔离级别从 REREATABLE-READ 调整为 READ-COMMITTED，可以避免很多因为 gap 锁造成的死锁。
- 为表添加合理的索引。可以看到如果不添加索引将会为表的每一行记录添加锁，死锁的概率将大大增加。

6.2.4 【实战】监控 MySQL 的阻塞

MySQL 提供了不同的方式来监控由锁产生的会话阻塞。这里将通过具体的示例来演示如何监控 MySQL 中的会话阻塞。

1）为了能够监控到锁的等待，修改/etc/my.cnf 文件以增加下面的参数，并重启 MySQL。

```
innodb_lock_wait_timeout = 3600
```

> 提示
>
> 该参数表示 InnoDB 锁等待的时间。这里将其设置为 3600 秒，即 1 个小时。

2）开启两个命令行的会话窗口，分别执行下面的语句，如图 6-15 所示。

会话 1：
```
mysql> set autocommit=0;
mysql> update testlock set name='Tom123' where id=1;
```

会话2：

```
mysql> set autocommit=0;
mysql> update testlock set name='Tom456' where id=1;
```

会话1	会话2

mysql> set autocommit=0;
Query OK, 0 rows affected (0.00 sec)
 	
mysql> update testlock set name='Tom123'
    -> where id=1;
Query OK, 1 row affected (0.00 sec)
Rows matched: 1 Changed: 1 Warnings: 0
 	
mysql> ▯
	mysql> set autocommit=0;
	Query OK, 0 rows affected (0.00 sec)
	
	mysql> update testlock set name='Tom456'
	    -> where id=1;
	▮

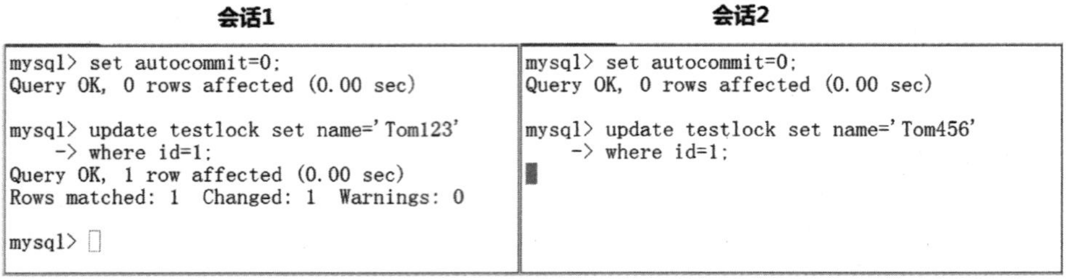

● 图 6-15

提示

此时会话 2 将被会话 1 阻塞。

3）开启第三个命令行会话窗口。

4）在第三个命令窗口中查看当前数据库中是否存在锁的等待。

```
mysql> show status like '% innodb_row_lock% ';
```

输出的信息如下。

```
+------------------------------------+----------+
|Variable_name                       |Value |
+------------------------------------+----------+
| Innodb_row_lock_current_waits|1        |
| Innodb_row_lock_time              |0        |
| Innodb_row_lock_time_avg       |0        |
| Innodb_row_lock_time_max       |0        |
| Innodb_row_lock_waits            |1        |
+------------------------------------+----------+
```

5）在第三个命令窗口中查看数据库中被阻塞的事务信息。

```
mysql> use information_schema;
mysql> select *  from information_schema.innodb_trx where trx_state='LOCK WAIT' \G;
```

输出的信息如下。

```
*************************** 1. row ***************************
            trx_id: 10271
         trx_state: LOCK WAIT
       trx_started: 2022-02-26 22:31:45
 trx_requested_lock_id: 140153890991480:83:5:2:140153775531280
```

```
        trx_wait_started: 2022-02-26 22:31:45
              trx_weight: 2
     trx_mysql_thread_id: 10
               trx_query: update testlock set name='Tom456' where id=1
    trx_operation_state: starting index read
      trx_tables_in_use: 1
      trx_tables_locked: 1
......
```

6）在第三个命令窗口中查看锁源。

```
mysql> select *  from sys.innodb_lock_waits \G;
```

输出的信息如下。

```
*************************** 1. row ***************************
            wait_started: 2022-02-26 22:31:45
                wait_age: 00:02:54
           wait_age_secs: 174
            locked_table: `demo1`.`testlock`
     locked_table_schema: demo1
       locked_table_name: testlock
......
           waiting_query: update testlock set name='Tom456' where id=1
         waiting_lock_id: 140153890991480:83:5:2:140153775531280
       waiting_lock_mode: X
         blocking_trx_id: 10270
            blocking_pid: 9
          blocking_query: NULL
......
```

🔖 提示 ●

从以上输出的信息可以看出，被阻塞的语句是"update testlock set name='Tom456' where id=1"，而阻塞的 PID 进程号是 9。

7）在第三个命令窗口中找到引起阻塞的线程 ID 号。

```
mysql> select *  from performance_schema.threads where processlist_id=9 \G;
```

输出的信息如下。

```
*************************** 1. row ***************************
            THREAD_ID: 49
                 NAME: thread/sql/one_connection
                 TYPE: FOREGROUND
```

```
......
  PROCESSLIST_INFO: updatetestlock set name='Tom123' where id=1
......
```

提示

从以上输出的信息可以看出 49 号线程引起了事务的阻塞。

8）在第三个命令窗口中找到 49 号会话中引起阻塞的 SQL 语句。

```
select * from performance_schema.events_statements_current where thread_id=49 \G;
```

输出的信息如下。

```
*************************** 1. row ***************************
          THREAD_ID: 49
           EVENT_ID: 35
       END_EVENT_ID: 36
         EVENT_NAME: statement/sql/update
             SOURCE: init_net_server_extension.cc:95
        TIMER_START: 56660523144000
          TIMER_END: 56660909304000
         TIMER_WAIT: 386160000
          LOCK_TIME: 136000000
           SQL_TEXT: update testlock set name='Tom123' where id=1
......
```

提示

从输出的信息可以看出，引起阻塞的 SQL 语句就是在第 2）步的会话 1 中执行的语句。

第 7 章　MySQL备份与恢复

MySQL 提供了多种不同的方式用于支持数据的备份与恢复。

7.1　MySQL 备份与恢复基础

MySQL 的备份方法可以根据以下不同的方式进行划分。
- 依据备份的方法可以划分为物理备份和逻辑备份。
- 根据备份的数据集范围可以划分为全量备份、增量备份和差异备份。
- 根据备份时数据服务是否在线可以划分为热备份和冷备份。

7.1.1　MySQL 的备份与恢复方式

MySQL 支持多种方式的备份与恢复，下面详细介绍了每种备份与恢复方式的含义以及它们之间的区别。
- 物理备份与逻辑备份。通过第 2 章的学习了解到，数据库从存储上看主要由数据库的物理数据文件、日志文件及配置文件等组成。数据库的物理备份是指备份时直接复制这些数据库的文件。数据库逻辑备份是指备份软件按照最初设计的逻辑关系，以数据库的逻辑结构对象为单位，将数据库中的数据按照预定义的逻辑关联格式生成相关的文本文件，以达到备份的目的。简单来说就是使用备份工具从数据库导出数据，生成一个或多个备份文件。
- 全量备份、增量备份和差异备份。全量备份是指将整个数据库内容做完整的备份，即对整个数据库进行的备份。全量备份包含备份数据库结构和文件结构等，它保存的是备份完成时刻的数据库快照。全量备份操作简单，但数据存在大量的重复；占用大量的空间、备份与恢复时间长。增量备份是指仅备份自上一次全量备份或增量备份之后所增加的数据内容，而差异备份是指仅备份自上一个全量备份之后所增加的内容。

> **提示**
>
> 全量备份是差异备份与增量备份的基础。

- 热备份与冷备份。热备份是在数据库运行的情况下执行的数据库备份。热备份最大的优点是备份时数据库仍可使用，并且恢复是快速的，在大多数情况下在数据库仍工作时恢复。冷备份是指在数据库已经正常关闭的情况下进行的备份。由于此时数据库已经关闭，通过冷备份可以将数据库的关键性文件复制到另外的存储位置。冷备份因为只是复制文件,因此备份的速度非常快。在执行恢复时,只需将文件再复制回去就可以很容易恢复到某个时间点上。冷备份最大的缺点是在冷备份过程中,数据库必须是关闭状态,不能提供外部的访问。

图 7-1 将 MySQL 数据库的热备份与冷备份需要使用的不同工具进行了划分。

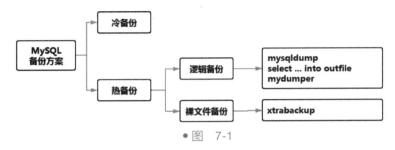

● 图 7-1

7.1.2 【实战】第一个 MySQL 的冷备份与恢复

在了解了 MySQL 备份与恢复的基础知识以后,本小节将通过一个简单的示例来演示如何操作 MySQL 数据库以完成数据的备份与恢复。

 提示

下面示例演示的是 MySQL 的冷备份与恢复,并以员工表(emp)中的员工数据为例。

1)确定员工表中的数据条数。

```
mysql> select count(*) from emp;
```

输出的信息如下。

```
+-----------+
| count(*) |
+-----------+
|        14 |
+-----------+
```

2)退出 MySQL 命令行工具,再执行下面的语句停止 MySQL。

```
mysqladmin -uroot -pWelcome_1 shutdown
```

3)创建 MySQL 备份目录。

```
mkdir -p /databackup/cold/
```

4)使用 tar 命令执行冷备份。这里将整个 MySQL 的目录进行备份。

```
cd /usr/local
tar -cvzf /databackup/cold/mysql.tar.gz mysql/
```

输出的信息如下。

```
mysql/
mysql/bin/
mysql/bin/mysql
......
mysql/lib/
mysql/lib/libmysqlclient.a
mysql/lib/libmysqlservices.a
mysql/lib/pkgconfig/
......
mysql/data/demo1/
......
mysql/data/demo1/emp.ibd
mysql/data/demo1/indextable1.ibd
......
mysql/data/binlog.000017
mysql/data/binlog.000011
mysql/data/binlog.000013
```

• 提示 •

从 tar 命令输出的信息可以看出，该命令将整个 MySQL 目录进行了打包并将打包后的文件放到了/databackup/cold/目录下。

5）模拟数据库出现错误，以测试冷备份的数据是否能够进行恢复。

```
rm -rf /usr/local/mysql/
```

6）重新启动 MySQL，会发现 MySQL 服务可以正常启动。

```
systemctl start mysqld
```

输出的信息如下。

```
mysqld.service - LSB: start and stop MySQL
  Loaded: loaded (/etc/rc.d/init.d/mysqld; bad; vendor preset: disabled)
  Active: active (exited) since Sat 2022-02-26 22:30:47 CST;
    Docs: man:systemd-sysv-generator(8)
```

7）尝试登录 MySQL。

```
mysql -uroot -pWelcome_1
```

将出现下面的错误信息。

```
-bash: /usr/local/mysql/bin/mysql: No such file or directory
```

8）停止 MySQL 服务，并尝试使用文件/databackup/cold/mysql. tar. gz 来进行恢复。

```
systemctl stop mysqld
tar -zxvf /databackup/cold/mysql.tar.gz -C /usr/local/
systemctl start mysqld
```

9）登录 MySQL，检查数据是否恢复。

```
mysql -uroot -pWelcome_1
mysql> use demo1;
mysql> select count(*) from emp;
```

输出的信息如下。

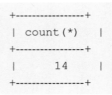

```
+-----------------+
| count(*)        |
+-----------------+
|        14       |
+-----------------+
```

 提示

从输出的信息可以看出，MySQL 恢复了之前表中的数据。

7.2　热备份与恢复

热备份和冷备份是两个相对的概念。冷备份需要在数据库停机的情况下完成，而热备份是在数据库服务运行的情况下进行。既然数据库不停机，这里存在一个问题：数据库依然可以对外提供服务，此时进行数据库的备份会造成备份出来的数据和生产库中的数据不一致的情况。因此，保证数据的安全性和一致性在热备份的情况下就存在一定的矛盾。但对于业务系统来说，数据是不能丢失的，因此备份重于一切。

提示

热备份可以对多个库进行备份，也可以对单张表或者某几张表进行备份。但是无法同时备份多个库多个表，只有分开备份。

7.2.1　【实战】使用 mysqldump 进行热备份与恢复

mysqldump 是 MySQL 自带的逻辑备份工具。它的备份原理是通过协议连接到 MySQL 数据库，将需要备份的数据查询出来，再将查询出的数据转换成对应的 insert 语句。当需要还原数据时，只要执行相应的 insert 语句，即可将对应的数据还原。

下面语句可以列出 mysqldump 的帮助信息。

```
mysqldump --help
```

输出的信息如下。

```
mysqldump  Ver 8.0.20 for Linux on x86_64 (MySQL Community Server - GPL)
Copyright (c) 2000, 2020, Oracle and/or its affiliates.
All rights reserved.

Dumping structure and contents of MySQL databases and tables.
Usage:mysqldump [OPTIONS] database [tables]
OR      mysqldump [OPTIONS] --databases [OPTIONS] DB1 [DB2 DB3...]
OR      mysqldump [OPTIONS] --all-databases [OPTIONS]
......
```

下面通过几个例子来说明如何使用 mysqldump 进行备份与恢复。

1）创建 mysqldump 备份存储的目录。

```
mkdir -p /databackup/mysqldump
```

2）备份所有数据库。

```
mysqldump -uroot -pWelcome_1 --all-databases > /databackup/mysqldump/all.db
```

3）查看文件/databackup/mysqldump/all. db 的内容。

```
more /databackup/mysqldump/all.db
```

输出的信息如下。

```
......
--
-- Current Database: `demo1`
--
CREATE DATABASE /* ! 32312 IF NOT EXISTS* / `demo1`
/* ! 40100 DEFAULT CHARACTER SET utf8 * /
/* ! 80016 DEFAULT ENCRYPTION='N' * /;
USE `demo1`;
--
-- Table structure for table `audit_message`
--
DROP TABLE IF EXISTS `dept`;
/* ! 40101 SET @ saved_cs_client    = @ @ character_set_client * /;
/* ! 50503 SET character_set_client = utf8mb4 * /;
CREATE TABLE `dept` (
  `deptno` int NOT NULL,
  `dname` varchar(10) DEFAULT NULL,
  `loc`varchar(10) DEFAULT NULL,
  PRIMARY KEY (`deptno`)
) ENGINE=InnoDB DEFAULT CHARSET=utf8;
/* ! 40101 SET character_set_client = @ saved_cs_client * /;
```

```
--
-- Dumping data for table `dept`
--
LOCK TABLES `dept` WRITE;
/* ! 40000 ALTER TABLE `dept` DISABLE KEYS * /;
INSERT INTO `dept` VALUES (10,'ACCOUNTING','NEW YORK'),
(20,'RESEARCH','DALLAS'),(30,'SALES','CHICAGO'),
(40,'OPERATIONS','BOSTON');
/* ! 40000 ALTER TABLE `dept` ENABLE KEYS * /;
UNLOCK TABLES;
......
```

> **提示**
>
> 从 all. db 的内容可以看出 mysqldump 将备份的数据转换成了 SQL 语句。

4）备份指定数据库。

```
mysqldump -uroot -pWelcome_1 demo1 > /databackup/mysqldump/demo1.db
```

5）备份指定数据库中的表（多个表以空格间隔）。

```
mysqldump -uroot -pWelcome_1  demo1 test2 test3 emp \
> /databackup/mysqldump/multi_tables.db
```

6）备份指定数据库，并排除某些表不进行备份。

```
mysqldump -uroot -pWelcome_1 demo1 --ignore-table=demo1.test2 \
--ignore-table=demo1.test3 > /databackup/mysqldump/demo2.db
```

7）删除 demo1 数据库。

```
mysqladmin -uroot -pWelcome_1 drop demo1
```

输出的信息如下。

```
Dropping the database is potentially a very bad thing to do.
Any data stored in the database will be destroyed.

Do you really want to drop the 'demo1' database [y/N] y
Database "demo1" dropped
```

8）执行恢复数据库 demo1。

```
mysqladmin -uroot -pWelcome_1 create demo1
mysql -uroot -pWelcome_1  demo1 < /databackup/mysqldump/demo1.db
```

> **提示**
>
> 在导入备份数据库前，demo1 如果没有，则需要事先创建。

9）检查数据是否恢复。

7.2.2　【实战】使用 select...into outfile 进行热备份

MySQL 可以使用 select...into outfile 语句将表的内容导出为一个文本文件，其基本的语法格式如下。

```
select [列名] from 表名 [WHERE 语句] into outfile '目标文件' [其他选项];
```

该语句分为两个部分。前半部分是一个普通的 select 语句，通过 select 语句来查询所需要的数据；后半部分是导出数据的。其中，"目标文件"参数是指将查询的记录导出到该文件中；"其他选项"参数为可选参数选项，表 7-1 列举了其可能的取值。

表 7-1

选　　项	说　　明
FIELDS TERMINATED BY '字符串'	设置字段之间的分隔符，可以为单个或多个字符，默认值是 "\t"
FIELDS ENCLOSED BY '字符'	设置字符可以包括的值，只能为单个字符，默认情况下不使用任何符号
FIELDS OPTIONALLY ENCLOSED BY '字符'	设置字符来表示 CHAR、VARCHAR 和 TEXT 等字符型字段，默认情况下不使用任何符号
FIELDS ESCAPED BY '字符'	设置转义字符，只能为单个字符，默认值为 "\"
LINES STARTING BY '字符串'	设置每行数据开头的字符，可以为单个或多个字符，默认情况下不使用任何字符
LINES TERMINATED BY '字符串	设置每行数据结尾的字符，可以为单个或多个字符，默认值是 "\n"

> 💡 提示
>
> FIELDS 和 LINES 两个子句都是可选的，但是如果两个子句都被指定了，FIELDS 必须位于 LINES 的前面。

下面以备份员工表（emp）的数据为例来演示如何使用 select...into outfile 语句进行数据的热备份。

1）创建备份文件存储的目录，并且将目录所属的组设置为 mysql。

```
mkdir -p /databackup/select
chown mysql:mysql /databackup/select
```

2）使用 select...into outfile 语句来导出 demo1 数据库下 emp 表的记录。其中，字段之间用 "、"隔开，字符型数据用双引号括起来，每条记录以 "＞"开头。

```
mysql> use demo1;

mysql> select *  from emp
into outfile '/databackup/select/bk1.txt'
fields
```

```
    terminated by '\,'
    optionally enclosed by '\"'
lines
    starting by '\>'
    terminated by '\r \n';
```

输出的错误信息如下。

```
ERROR 1290 (HY000):
The MySQL server is running with the --secure-file-priv option so it cannot execute
this statement
```

3）查看参数 secure-file-priv 的值。

```
mysql> show variables like 'secure_file_priv';
```

输出的信息如下。

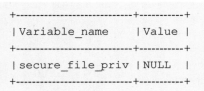

> **提示**
>
> secure_file_priv 参数是用来限制 load data、select ... select... into outfile 和 load_file( ) 等语句在导出数据时使用的目录。
> 当 secure_file_priv 的值为 null 时，表示不允许导入和导出数据。
> 当 secure_file_priv 的值为/tmp/ 时，表示导入和导出只能发生在/tmp/目录下。
> 当 secure_file_priv 没有具体值时，表示不对导入和导出做限制。

4）修改文件/etc/my.ini，在"［mysqld］"块下面加入下面这一行语句。

```
secure_file_priv=
```

5）重启 MySQL 数据库。

```
systemctl restart mysqld
```

6）重新查看参数 secure-file-priv 的值。

```
show variables like 'secure_file_priv';
```

输出的信息如下。

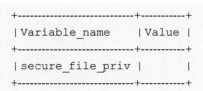

7）重新执行第 2）步操作。

8）查看文件/databackup/select/bk1.txt 的内容。

```
cat /databackup/select/bk1.txt
```

输出的信息如下。

```
>7369、"SMITH"、"CLERK"、7902、"1980/12/17"、800、\N、20
>7499、"ALLEN"、"SALESMAN"、7698、"1981/2/20"、1600、300、30
>7521、"WARD"、"SALESMAN"、7698、"1981/2/22"、1250、500、30
>7566、"JONES"、"MANAGER"、7839、"1981/4/2"、3670、\N、20
>7654、"MARTIN"、"SALESMAN"、7698、"1981/9/28"、1250、1400、30
>7698、"BLAKE"、"MANAGER"、7839、"1981/5/1"、2850、\N、30
>7782、"CLARK"、"MANAGER"、7839、"1981/6/9"、2550、\N、10
>7788、"SCOTT"、"ANALYST"、7566、"1987/4/19"、3000、\N、20
>7839、"KING"、"PRESIDENT"、-1、"1981/11/17"、5950、\N、10
>7844、"TURNER"、"SALESMAN"、7698、"1981/9/8"、1500、\N、30
>7876、"ADAMS"、"CLERK"、7788、"1987/5/23"、1100、\N、20
>7900、"JAMES"、"CLERK"、7698、"1981/12/3"、950、\N、30
>7902、"FORD"、"ANALYST"、7566、"1981/12/3"、3000、\N、20
>7934、"MILLER"、"CLERK"、7782、"1982/1/23"、1400、\N、10
```

7.2.3　【实战】使用 mydumper 进行热备份与恢复

MySQL 在备份方面包含了自身的 mysqldump 工具，但其只支持单线程工作，这就使得它无法迅速地备份数据。而 mydumper 作为一个实用工具，能够良好支持多线程工作，这使得它在处理速度方面 10 倍于传统的 mysqldump。其特征之一是在处理过程中需要对列表加以锁定，因此如果需要在工作时段执行备份工作，那么会引起 DML 阻塞。但现在的 MySQL 一般都有主从，备份也大部分在从上进行，所以锁的问题可以不用考虑。这样，mydumper 能更好地完成备份任务。

mydumper 具备以下特点。

- 使用轻量级 C 语言写的。
- 执行速度比 mysqldump 快 10 倍。
- 事务性和非事务性表一致的快照（适用于 0.2.2 以上版本）。
- 快速的文件压缩。
- 支持导出 binlog。
- 多线程恢复（适用于 0.2.1 以上版本）。
- 以守护进程的工作方式，定时快照和连续二进制日志（适用于 0.5.0 以上版本）。
- 开源（GNUGPLv3）。

下面通过具体的示例来演示如何使用 mydumper 进行数据库的热备份与恢复。

1）安装 mydumper。

```
yum install -y \
https://github.com/maxbube/mydumper/releases/download/v0.9.5/mydumper-0.9.5-2.
el7.x86_64.rpm
```

2）查看 mydumper 的帮助信息。

```
mydumper --help
```

输出的信息如下。

```
Usage:
  mydumper [OPTION...] multi-threaded MySQL dumping

Help Options:
  -?, --help              Show help options

Application Options:
  -B, --database          Database to dump
  -T, --tables-list       Comma delimited table list to dump
                          (does not excluderegex option)
  -O, --omit-from-file    File containing a list of database.table
entries to skip, one per line
(skips before applyingregex option)
  -o, --outputdir         Directory to output files to
  ......
```

表 7-2 是 mydumper 常用参数的说明。

表 7-2

参　　数	参 数 说 明
-B, --database	需要备份的库
-T, --tables-list	需要备份的表，用逗号分隔
-o, --outputdir	输出文件的目录
-s, --statement-size	生成插入语句的字节数，默认为 1000000
-r, --rows	分裂成很多行块表
-c, --compress	压缩输出文件
-e, --build-empty-files	即使表没有数据，还是产生一个空文件
-x, --regex	使用正则表达式
-i, --ignore-engines	忽略的存储引擎，用逗号分隔
-m, --no-schemas	不导出表结构
-k, --no-locks	不执行共享读锁警告，这将导致不一致的备份
-l, --long-query-guard	设置长查询时间，默认为 60 秒

（续）

参　　数	参 数 说 明
--kill-long-queries	去掉长时间执行的查询
-b, --binlogs	导出 binlog
-D, --daemon	启用守护进程模式
-I, --snapshot-interval	dump 快照间隔时间，默认为 60 秒，需要在 daemon 模式下
-L, --logfile	日志文件
-h, --host	连接的主机地址
-u, --user	mydumper 使用的用户名
-p, --password	用户的密码
-P, --port	mydumper 连接的端口
-S, --socket	连接使用的 socket 文件
-t, --threads	使用的线程数，默认为 4
-C, --compress-protocol	在 mysql 连接上使用压缩协议
-V, --version	查看 mydumper 的版本信息
-v, --verbose	备份时输出更多信息

3）创建 mydumper 备份的存储目录。

```
mkdir -p /databackup/mydumper/all/
```

4）备份所有数据库。

```
mydumper -u root --password=Welcome_1 \
--socket /tmp/mysql.sock \
--outputdir /databackup/mydumper/all/
```

提示

这里的 socket /tmp/mysql.sock 参数是必需的。在默认情况下 mydumper 会加载/var/lib/mysql/mysql.sock 文件。如果该文件不存在，将出现下面的错误信息。

```
* * (mydumper:69463): CRITICAL * * : Error connecting to database:
Can't connect to local MySQL server through socket '/var/lib/mysql/mysql.sock'
```

5）查看目录/databackup/mydumper/下的内容。

```
tree /databackup/mydumper/all |more
```

输出的信息如下。

```
/databackup/mydumper/all
├── demo1.audit_message-schema.sql
├── demo1.audit_message.sql
```

```
├── demo1.classes-schema.sql
├── demo1.dept-schema.sql
├── demo1.dept.sql
├── demo1.emp-schema.sql
├── demo1.emp.sql
├── demo1.indextable1-schema.sql
├── demo1.indextable1.sql
......
```

6）查看文件/databackup/mydumper/demo1. emp. sql 的内容。

```
cat /databackup/mydumper/demo1.emp.sql
```

输出的信息如下。

```
/* ! 40101 SET NAMES binary* /;
/* ! 40014 SET FOREIGN_KEY_CHECKS=0* /;
/* ! 40103 SET TIME_ZONE='+00:00' * /;
INSERT INTO `emp` VALUES
(7369,"SMITH","CLERK",7902,"1980/12/17",800,NULL,20),
(7499,"ALLEN","SALESMAN",7698,"1981/2/20",1600,300,30),
(7521,"WARD","SALESMAN",7698,"1981/2/22",1250,500,30),
(7566,"JONES","MANAGER",7839,"1981/4/2",3670,NULL,20),
(7654,"MARTIN","SALESMAN",7698,"1981/9/28",1250,1400,30),
(7698,"BLAKE","MANAGER",7839,"1981/5/1",2850,NULL,30),
(7782,"CLARK","MANAGER",7839,"1981/6/9",2550,NULL,10),
(7788,"SCOTT","ANALYST",7566,"1987/4/19",3000,NULL,20),
(7839,"KING","PRESIDENT",-1,"1981/11/17",5950,NULL,10),
(7844,"TURNER","SALESMAN",7698,"1981/9/8",1500,NULL,30),
(7876,"ADAMS","CLERK",7788,"1987/5/23",1100,NULL,20),
(7900,"JAMES","CLERK",7698,"1981/12/3",950,NULL,30),
(7902,"FORD","ANALYST",7566,"1981/12/3",3000,NULL,20),
(7934,"MILLER","CLERK",7782,"1982/1/23",1400,NULL,10);
```

> **提示**
>
> 可以看出 mydumper 也将数据备份成了 SQL 语句。

7）备份指定数据库 demo1。

```
mkdir -p /databackup/mydumper/demo1/

mydumper -u root --password=Welcome_1 \
--socket /tmp/mysql.sock \
--database demo1 \
--outputdir /databackup/mydumper/demo1/
```

8）备份指定数据库 demo1 下的表（员工表和部门表）。

```
mkdir -p /databackup/mydumper/multi_tables/

mydumper -u root --password=Welcome_1 \
--socket /tmp/mysql.sock \
--database demo1 \
--tables-listemp,dept \
--outputdir /databackup/mydumper/multi_tables/
```

9）删除 demo1 数据库。

```
mysqladmin -uroot -pWelcome_1 drop demo1
```

输出的信息如下。

```
Dropping the database is potentially a very bad thing to do.
Any data stored in the database will be destroyed.

Do you really want to drop the 'demo1' database [y/N] y
Database "demo1" dropped
```

10）使用 myloader 执行恢复数据库 demo1 的操作。

```
mysqladmin -uroot -pWelcome_1 create demo1

myloader -u root -p Welcome_1 --socket /tmp/mysql.sock \
--database demo1 \
-d /databackup/mydumper/demo1/
```

 提示

在执行恢复之前，demo1 如果没有，则需要事先创建。

11）检查数据是否恢复。

 提示

通过检查 MySQL 中的数据库信息，可以看出 myolader 恢复了数据库 demo1。

7.3　使用 XtraBackup 进行备份与恢复

　　MySQL 冷备份、mysqldump、MySQL 热备份都无法实现对数据库进行增量备份。在实际生产环境中增量备份是非常实用的，在进行增量备份时，需要定制数据备份策略。例如每周使用完整备份，周一到周六使用增量备份。而 Percona-Xtrabackup 就是为了实现增量备份而出现的一款主流备份工具。

7.3.1 XtraBackup 简介

目前 MySQL 物理备份工具主要有 MySQL 官方提供的 MySQL Enterprise Backup（MEB）以及 Percona XtraBackup，MySQL Enterprise Backup 为商业工具，MySQL 8.0 以后，Percona xbackackup 也相应提供了 8.0 版本。Percona xbackackup 是目前世界上唯一的开源、免费的 MySQL 物理热备份软件，可以为 InnoDB 和 XtraDB 数据库执行非阻塞备份。XtraBackup 有如下好处。

- 恢复时间相对 mysqldump 快很多。
- 大数据量下异机恢复特别快。
- 支持增量备份恢复。
- 备份期间不间断的事务处理。
- 节省磁盘空间和网络带宽。
- 自动备份验证。

XtraBackup 备份流程如图 7-2 所示。

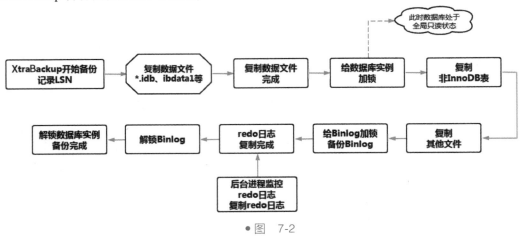

● 图　7-2

> 💾 **提示** ●
>
> 图 7-2 中第 1 步的 LSN 为 Log Sequence Number，即当前系统最大的日志序列号。

7.3.2 【实战】XtraBackup 的安装和基本使用

下面通过具体的例子来为大家演示如何安装和配置 XtraBackup。

1）登录 Percona 的网站下载 XtraBackup 8.0，如图 7-3 所示。

2）执行下面的安装命令。

```
yum install -y percona-xtrabackup-80-8.0.27-19.1.el7.x86_64.rpm
```

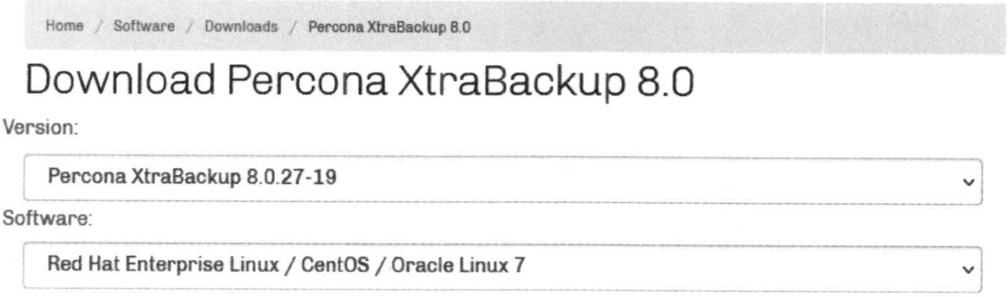

Download Percona XtraBackup 8.0

Home / Software / Downloads / Percona XtraBackup 8.0

Version:

Percona XtraBackup 8.0.27-19

Software:

Red Hat Enterprise Linux / CentOS / Oracle Linux 7

● 图　7-3

3）查看 XtraBackup 的版本信息。

```
xtrabackup -version
```

输出的信息如下。

```
xtrabackup:
recognized server arguments:
--datadir=/usr/local/mysql/data --innodb_log_file_size=1G
xtrabackup version 8.0.27-19
based on MySQL server 8.0.27 Linux (x86_64) (revision id: 50dbc8dadda)
```

> 💡 **提示**
>
> 通过命令 "xtrabackup -help" 可以查看 XtraBackup 的帮助信息和参数说明。

4）创建第一个 XtraBackup 备份保存的目录。

```
mkdir -p /databackup/xtrabackup/first
```

5）执行第一个 XtraBackup 的备份。

```
xtrabackup --user=root --password=Welcome_1 --backup \
--socket=/tmp/mysql.sock \
--target-dir=/databackup/xtrabackup/first
```

其中：
- user：指定备份使用的数据库用户。
- password：数据库用户的密码。
- backup：表示执行的备份操作。
- socket：指定 MySQL Socket 启动文件的路径。
- target-dir：指定备份文件的存放路径。

备份完成后输出的信息如下。

```
xtrabackup: Transaction log of lsn (17740866) to (17740876) was copied.
220302 08:34:43 completed OK!
```

153

6）停止 MySQL 数据库服务，并清空 MySQL 的数据目录，以模拟数据库的数据丢失。

```
systemctl stop mysqld
cd /usr/local/mysql/data/
rm -rf *
```

7）使用 XtraBackup 执行数据库的恢复。

```
xtrabackup --copy-back --target-dir=/databackup/xtrabackup/first
```

输出的信息如下。

```
......
...... Copying ./demo1/test3_347.sdi
           to
           /usr/local/mysql/data/demo1/test3_347.sdi
......       ...done
...... Copying ./ib_buffer_pool
           to
           /usr/local/mysql/data/ib_buffer_pool
......       ...done
...... Copying ./xtrabackup_info
           to
           /usr/local/mysql/data/xtrabackup_info
......       ...done
......completed OK!
```

8）恢复完成后，需要将数据目录下恢复的文件重新授权。

```
chown -R mysql.mysql /usr/local/mysql/data
```

9）启动 MySQL 数据库，检查数据是否恢复。

> 提示
>
> 此时可以看出：XtraBackup 通过使用备份的信息恢复了 MySQL 数据库中的数据。

7.3.3 【实战】使用 XtraBackup 执行部分备份与恢复

在 7.3.2 小节中的第 5）步操作其实执行的是 MySQL 数据库的完全备份，即备份数据库中的所有内容。使用 XtraBackup 也可以完成对数据库的部分备份，如只备份某些数据库或者某些表。下面通过具体的示例来演示如何操作 XtraBackup 完成对数据库的部分备份。

1）创建备份部分数据库的存放目录。

```
mkdir -p /databackup/xtrabackup/demo1
```

2）备份 demo1 数据库中的所有表。

```
xtrabackup --backup --user=root --password=Welcome_1 \
--target-dir=/databackup/xtrabackup/demo1 \
--socket=/tmp/mysql.sock --databases="demo1"
```

3）查看备份生成文件的大小。

```
cd /databackup/xtrabackup
du -sh *
```

输出的信息如下。

```
57M demo1
58M first
```

4）登录 MySQL 数据库，统计员工表中的记录数。

```
mysql> select count(*) from emp;
```

输出的信息如下。

```
+----------------+
| count(*)       |
+----------------+
|       14       |
+----------------+
```

5）往员工表中插入一条新的记录，此时表中有 15 条记录。

```
mysql> insert into emp(empno,ename,sal,deptno) values(1000,'Tom',3000,10);
```

6）使用 XtraBackup 只备份员工表（emp）的数据。

```
mkdir -p /databackup/xtrabackup/emp

xtrabackup --backup --user=root --password=Welcome_1 \
--target-dir=/databackup/xtrabackup/emp \
--socket=/tmp/mysql.sock  --tables="demo1.emp"
```

7）删除员工表的数据，以模拟数据发生了丢失。

```
mysql> truncate table emp;
```

8）准备 XtraBackup 以执行恢复员工表。

```
xtrabackup --prepare --export --target-dir=/databackup/xtrabackup/emp
```

9）查看目录/databackup/xtrabackup/emp/demo1。

```
tree /databackup/xtrabackup/emp/demo1/
```

输出的信息如下。

```
/databackup/xtrabackup/emp/demo1/
├──emp.cfg
└──emp.ibd
```

10）卸载员工表的表空间。

```
mysql> alter table emp discard tablespace;
```

11）复制备份的员工表文件。

```
cd /databackup/xtrabackup/emp/demo1
cp * .* /usr/local/mysql/data/demo1/
chown -R mysql.mysql /usr/local/mysql/data/demo1/
```

12）挂载新表的表空间

```
mysql> alter table emp import tablespace;
```

13）检查员工表的数据是否恢复。

提示

此时可以看出：XtraBackup 通过使用备份的信息恢复了 MySQL 数据库中的数据。

7.3.4 【实战】使用 XtraBackup 执行增量备份与恢复

增量备份需要全量备份为基础，如果没有全量备份进行增量备份是毫无意义的。完整备份集 =
全量备份+增量备份 1+增量备份 2+…+增量备份 n。进行增量备份恢复的时候，也需要像全量备份
一样进行应用日志，保证数据一致，并将增量数据合并到全量备份中。

下面通过具体的步骤来演示如何使用 XtraBackup 进行增量备份会恢复。

1）检查员工表中的记录数。

```
mysql> select count(*) from emp;
```

输出的信息如下。

```
+----------------+
| count(*)  |
+----------------+
|         15  |
+----------------+
```

2）首先执行一次全量备份。

```
mkdir -p /databackup/xtrabackup/full

xtrabackup --backup --user=root --password=Welcome_1 \
--socket=/tmp/mysql.sock \
--target-dir=/databackup/xtrabackup/full
```

3）往员工表中插入一条新的记录，此时员工表中有 16 条记录。

```
mysql> insert into emp(empno,ename,sal,deptno) values(1002,'Mike',2000,10);
```

4）执行第一次增量备份。

```
mkdir -p /databackup/xtrabackup/incremental01

xtrabackup --backup --user=root --password=Welcome_1 \
--socket=/tmp/mysql.sock \
--incremental-basedir=/databackup/xtrabackup/full \
--target-dir=/databackup/xtrabackup/incremental01
```

5）再往员工表中再插入一条新的记录，此时员工表中有 17 条记录。

```
mysql> insert into emp(empno,ename,sal,deptno) values(1003,'Mike',2000,10);
```

6）执行第二次增量备份。

```
mkdir -p /databackup/xtrabackup/incremental02

xtrabackup --backup --user=root --password=Welcome_1 \
--socket=/tmp/mysql.sock \
--incremental-basedir=/databackup/xtrabackup/incremental01 \
--target-dir=/databackup/xtrabackup/incremental02
```

7）检查生成的备份信息。

```
cd /databackup/xtrabackup
tree -d full/ incremental01/ incremental02/
```

输出的信息如下。

```
full/
├── demo1
├── mysql
├── performance_schema
└── sys
incremental01/
├── demo1
├── mysql
├── performance_schema
└── sys
incremental02/
├── demo1
├── mysql
├── performance_schema
└── sys
```

8）停止 MySQL 数据库，并删除 MySQL 的数据目录。

```
systemctl stop mysqld
cd /usr/local/mysql/data/
rm -rf *
```

9）使用全量备份进行预恢复。

```
xtrabackup --prepare --apply-log-only \
--target-dir=/databackup/xtrabackup/full
```

其中：

- prepare：为执行恢复预指定备份存放的目录。
- apply-log-only：表示只重做 redo 日志，但不回滚事务。如果后续还有增量备份，则不需要执行回滚，反之，则去掉该参数。

10）使用第一次增量备份进行预恢复。

```
xtrabackup --prepare --target-dir=/databackup/xtrabackup/full \
--apply-log-only \
--incremental-dir=/databackup/xtrabackup/incremental01
```

11）将数据库恢复至第一次增量备份时的状态，并修改恢复后数据目录的权限。

```
xtrabackup --copy-back  --target-dir=/databackup/xtrabackup/full
chown -R mysql.mysql /usr/local/mysql/data
```

12）启动 MySQL 数据库，并检查员工表中的记录数。

```
mysql> select count(*) from emp;
```

输出的信息如下。

```
+----------+
| count(*) |
+----------+
|       16 |
+----------+
```

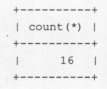

提示

此时员工表中有 16 条记录，即第一次增量备份时的记录数。

13）停止 MySQL，并清空 MySQL 的数据目录。

```
systemctl stop mysqld
cd /usr/local/mysql/data/
rm -rf *
```

14）使用第二次增量备份进行预恢复。

```
xtrabackup --prepare --target-dir=/databackup/xtrabackup/full \
--incremental-dir=/databackup/xtrabackup/incremental02
```

15）将数据库恢复至第二次增量备份时的状态，并修改恢复后数据目录的权限。

```
xtrabackup --copy-back --target-dir=/databackup/xtrabackup/full
chown -R mysql.mysql /usr/local/mysql/data
```

16）启动 MySQL 数据库，并检查员工表中的记录数。

```
mysql> select count(*) from emp;
```

输出的信息如下。

```
+----------+
| count(*) |
+----------+
|       17 |
+----------+
```

 提示 •

此时员工表中有 17 条记录，即第二次增量备份时的记录数。

7.3.5 【实战】使用 XtraBackup 流式备份

XtraBackup 支持流式备份，将备份以指定的 tar 或 xbstream 格式进行输出，而不是直接将文件复制到备份目录。流式备份可以很好地解决服务器上磁盘空间不足的问题。直接使用流式备份大大简化了备份后压缩复制所带来的更多开销。

下面通过具体的示例来演示如何使用 XtraBackup 的流式备份。

1）创建流式备份输出的目录。

```
mkdir -p /databackup/xtrabackup/xbstream
```

2）执行 XtraBackup 的流式备份，将备份文件输出到本地文件中。

```
xtrabackup --user=root --password=Welcome_1 \
-S /tmp/mysql.sock --backup \
--stream=xbstream \
--target-dir=/databackup/xtrabackup/xbstream/ > \
/databackup/xtrabackup/xbstream/fullbackup.xbstream
```

• 提示 •

如果要将备份文件输出到远程服务器上，可以使用下面的语句。

```
xtrabackup --user=root --password=Welcome_1 \
-S /tmp/mysql.sock --backup \
--stream=xbstream --target-dir=./ | \
ssh root@ 远程主机 IP " cat - > /data/mysql8/fullback.xbstream"
```

3）查看流式备份的输出文件。

```
cd /databackup/xtrabackup/xbstream/
du -sh *
```

输出的信息如下。

```
58M fullbackup.xbstream
```

4）停止 MySQL，并删除 MySQL 的数据目录。

```
cd /usr/local/mysql/data/
rm -rf *
```

5）使用流式备份的信息来执行数据恢复，创建解包后的数据目录。

```
mkdir -p /databackup/xtrabackup/xbstream_data
```

6）执行解包操作。

```
cd /databackup/xtrabackup/xbstream

cat fullbackup.xbstream | \
xbstream -x -v -C /databackup/xtrabackup/xbstream_data
```

7）执行数据恢复。

```
xtrabackup --copy-back \
--target-dir=/databackup/xtrabackup/xbstream_data
```

8）给恢复后的数据目录授权。

```
chown -R mysql.mysql /usr/local/mysql/data
```

9）重新启动 MySQL，检查数据是否恢复。

```
mysql> select count(*) from emp;
```

输出的信息如下。

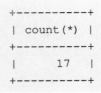

```
+----------+
| count(*) |
+----------+
|    17    |
+----------+
```

7.4 备份与恢复进阶

MySQL 除了使用前面已经介绍的方式进行备份与恢复外，还支持一些高级的方式来完成数据的备份与恢复。例如：可传输的表空间、闪回技术和利用 binlog Server 实现数据的备份。

7.4.1 【实战】使用可传输的表空间实现数据的迁移

与 Oracle 类似，MySQL 也支持可传输表空间，其本质就是将表空间从一个数据库复制到另一个数据库。可传输的表空间是实现数据迁移的最佳方式之一。需要注意的是，要使用 MySQL 的可传输表空间，需要将参数 innodb_file_per_table 设置为 ON。

```
mysql> show variables like 'innodb_file_per_table';
```

输出的信息如下。

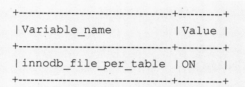

下面通过一个具体的示例来演示如何使用 MySQL 可传输的表空间完成数据的备份。

1）在源数据库实例上，创建一个数据库（dbsource）并在该数据库中创建一张表，然后插入数据。

```
mysql> create database dbsource;
mysql> use dbsource;
mysql> create table transporttable(myid int,myname varchar(10));
mysql> insert into transporttable values(1,'Tom'),(2,'Mike'),(3,'Mary');
```

2）在目标数据库实例上，也创建一个数据库（dbtarget）并在该数据库中创建一张表。

```
mysql> create database dbtarget;
mysql> use dbtarget;
mysql> create table transporttable(myid int,myname varchar(10));
```

> 提示
>
> 源数据库实例上的数据库名称可以和目标数据库实例上数据库名称不一样，但各自创建的表必须同名。源数据库实例和目标数据库实例可以是同一个物理机上的 MySQL 实例。

3）查看数据库 dbsource 和 dbtarget 的表空间信息。

```
cd /usr/local/mysql/data/
tree dbsource/ dbtarget/
```

输出的信息如下。

```
dbsource/
└──transporttable.ibd
dbtarget/
└──transporttable.ibd
```

4）在目标数据库实例上，删除 transporttable 表的表空间。

```
mysql> alter table transporttable discard tablespace;
```

 提示

执行这一步操作后，目标数据库实例上会将 transporttable 表的 ibd 数据文件删除。

5）在源数据库实例上，运行"flush table transporttable for export"语句以确保对表的更改已刷新到磁盘。

```
mysql> use dbsource;
mysql> flush table transporttable for export;
```

提示

该命令会在源数据库实例的目录中生成一个".cfg"文件。".cfg"文件包含导入表空间文件时用于 schema 验证的元数据。

6）查看数据库 dbsource 和 dbtarget 的表空间信息。

```
cd /usr/local/mysql/data/
tree dbsource/ dbtarget/
```

输出的信息如下。

```
dbsource/
├──── transporttable.cfg
└──── transporttable.ibd
dbtarget/
```

7）将".ibd"文件和".cfg"元数据文件从源数据库实例复制到目标数据库实例的对应目录下。

```
cd /usr/local/mysql/data/
cp dbsource/transporttable.{ibd,cfg} dbtarget/
```

8）修改目标数据库实例对应表空间的属主。

```
chown -R mysql:mysql /usr/local/mysql/data/dbtarget
```

9）在源数据库实例上，执行"unlock tables"释放由"flush table transporttable for export"获取的锁。

```
mysql> use dbsource;
mysql> unlock tables;
```

10）在目标数据库实例上，执行表空间的导入。

```
mysql> use dbtarget;
mysql> alter table transporttable import tablespace;
```

11）验证数据是否迁移完成。

```
mysql> use dbtarget;
mysql> select *  from transporttable;
```

输出的信息如下。

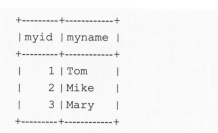

 提示

至此通过可传输的表空间完成了 MySQL 数据的迁移。

7.4.2　MySQL 的闪回技术

DBA 或开发人员，难免会误删或者误更新数据，如果是线上环境并且所造影响较大，就需要能快速回滚。传统恢复方法是利用备份重搭实例，再应用去除错误 SQL 后的 binlog 来恢复数据。此法费时费力，甚至需要停机维护，并不适合快速回滚。MySQL 与 Oracle 数据库都提供了闪回技术帮助 DBA 快速恢复数据。

1. 闪回技术简介

MySQL 闪回（flashback）利用 binlog 直接进行回滚，能快速恢复数据且不用停机。MySQL binlog 以 event 的形式记录了 MySQL Server 从启用 binlog 以来所有的变更信息，能够帮助重现这期间的所有变化。MySQL 引入 binlog 主要有两个目的：一是为了主从复制；二是某些备份还原操作后需要重新应用 binlog。binlog 日志有 3 种可选的格式，它们的优缺点如表 7-3 所示。

表 7-3

binlog 格式	优 缺 点
statement	基于 SQL 语句的模式，binlog 数据量小，但是某些语句和函数在复制过程可能导致数据不一致甚至出错
row	基于行的模式，记录的是行的完整变化。很安全，但是 binlog 会比其他两种模式大很多
mixed	混合模式，根据语句来选用是 statement 还是 row 模式

利用 binlog 执行闪回，需要将 binlog 格式设置为 row。利用下面的语句可以查看当前 binlog 的模式。

```
mysql> show global variables like "% binlog_format% ";
```

输出的信息如下。

```
+------------------------+----------+
|Variable_name |Value |
+------------------------+----------+
|binlog_format |ROW |
+------------------------+----------+
```

2. 使用 MySQL 的闪回技术恢复数据

真实的闪回场景中，最关键的是能快速筛选出真正需要回滚的 SQL 语句。使用开源工具 bin-log2sql 来进行实战演练，binlog2sql 由美团点评 DBA 团队（上海）出品，多次在线上环境做快速回滚。

1）执行下面的语句安装 binlog2sql。

```
yum -y install epel-release
yum -y install python-pip
git clone https://github.com/danfengcao/binlog2sql.git && cd binlog2sql
pip install -r requirements.txt
```

2）使用之前的员工表和部门表数据，单独建立一个数据库。

```
create database testflashback;
mysql> use testflashback;
mysql> source /root/scott.sql
```

> **提示**
>
> 这里的 scott.sql 文件就是在 1.2.4 小节中创建的部门表（dept）和员工表（emp），以及相应的 insert 语句。

3）误操作。执行下面的事务。

```
mysql> start transaction;
mysql> delete from emp where sal>3000;
mysql> update emp set sal=6000;
mysql> delete from emp where job='CLERK';
mysql> commit;
```

4）查看目前的 binlog 文件。

```
mysql> show master logs;
```

输出的信息如下。

```
+------------------------+----------------+----------------+
|Log_name |File_size |Encrypted |
+------------------------+----------------+----------------+
|binlog.000001 | 1157 |No |
|binlog.000002 | 179 |No |
```

```
| binlog.000003 |     179 | No        |
| binlog.000004 |     179 | No        |
| binlog.000005 |     179 | No        |
| binlog.000006 |     179 | No        |
| binlog.000007 |    3505 | No        |
| binlog.000008 |   10860 | No        |
+-----------------------+----------------+-----------------+
```

> 📋 **提示** •
>
> 这里最新的 binlog 日志文件是 binlog. 000008。

5）执行下面的语句从 binlog 日志中解析出 SQL 语句。

```
python binlog2sql/binlog2sql.py -uroot -pWelcome_1 \
--start-file='binlog.000008' > /root/raw.sql
```

> 📋 **提示** •
>
> 如果不确定 SQL 语句位于哪个 binlog 日志文件中，就需要逐个解析 binlog 日志，或者估计一个大致的时间，再找到对应的 binlog 日志。

6）查看文件/root/raw. sql 中的内容，找到与第 3）步误操作相关的 SQL 语句，内容如下。

```
DELETE FROM `testflashback`.`emp`...... #start 9059 end 9374  time ......
UPDATE `testflashback`.`emp` SET ...... #start 9059 end 10562 time ......
UPDATE `testflashback`.`emp` SET ...... #start 9059 end 10562 time ......
UPDATE `testflashback`.`emp` SET ...... #start 9059 end 10562 time ......
UPDATE `testflashback`.`emp` SET ...... #start 9059 end 10562 time ......
UPDATE `testflashback`.`emp` SET ...... #start 9059 end 10562 time ......
UPDATE `testflashback`.`emp` SET ...... #start 9059 end 10562 time ......
UPDATE `testflashback`.`emp` SET ...... #start 9059 end 10562 time ......
UPDATE `testflashback`.`emp` SET ...... #start 9059 end 10562 time ......
UPDATE `testflashback`.`emp` SET ...... #start 9059 end 10562 time ......
UPDATE `testflashback`.`emp` SET ...... #start 9059 end 10562 time ......
UPDATE `testflashback`.`emp` SET ...... #start 9059 end 10562 time ......
UPDATE `testflashback`.`emp` SET ...... #start 9059 end 10562 time ......
DELETE FROM `testflashback`.`emp`...... #start 9059 end 10829 time ......
DELETE FROM `testflashback`.`emp`...... #start 9059 end 10829 time ......
DELETE FROM `testflashback`.`emp`...... #start 9059 end 10829 time ......
DELETE FROM `testflashback`.`emp`...... #start 9059 end 10829 time ......
```

> 📋 **提示** •
>
> 根据解析出的位置信息可以确定误操作来自同一个事务，准确位置在 9059-10829 之间。

7）生成执行闪回的 SQL 脚本。

```
python binlog2sql/binlog2sql.py -uroot -pWelcome_1 \
--start-file='binlog.000008' \
--start-position=9059 --stop-position=10829 \
-B > /root/rollback.sql
```

8）查看生成的闪回脚本/root/rollback. sql。

9）执行闪回操作。

```
mysql -uroot -pWelcome_1 < /root/rollback.sql
```

10）检查数据是否恢复。

 提示

此时 MySQL 中的数据将恢复到第 2）步执行完成后的状态。

7.4.3 【实战】使用 MySQL 的 binlog Server 备份二进制日志

二进制日志（binlog）在备份中起着至关重要的作用。备份 binlog 文件时，只能先在本地备份，然后才能传送到远程服务器上。从 MySQL 5.6 版本后，可以利用 mysqlbinlog 命令把远程机器的日志备份到本地目录，这样就更加方便地实现 binlog 日志的安全备份了。

下面通过一个简单的例子，演示如何使用 mysqlbinlog 把远程主机的日志备份到本地主机的目录上。

提示

这里的远程主机和本地主机可以使用同一台主机。

1）在本地创建 binlog 备份的目录。

```
mkdir -p /databackup/binlog
cd /databackup/binlog
```

2）查看当前 MySQL 有哪些 binlog 文件。

```
ls /usr/local/mysql/data/binlog.*
```

输出的信息如下。

```
/usr/local/mysql/data/binlog.000001
/usr/local/mysql/data/binlog.000002
/usr/local/mysql/data/binlog.000003
/usr/local/mysql/data/binlog.000004
/usr/local/mysql/data/binlog.index
```

3）使用下面的语句进行 binlog 的备份。

```
mysqlbinlog --no-defaults --raw --read-from-remote-server \
--stop-never --host=localhost --port=3306 --user=root \
--password=Welcome_1 \
binlog.000001
```

其中的参数：

- read-from-remote-server 表示从远程 MySQL 服务器上读取 binlog。
- raw：以 binlog 格式存储日志，方便后期使用。
- stop-never：表示一直连接到远程的 MySQL 服务器上读取日志，直到远程的服务器关闭后才会退出。
- binlog.000001：表示从该日志文件开始备份。

 提示

这条语句会一直处于运行的状态，并源源不断地从远程服务器上备份 binlog 日志文件。

第 8 章　MySQL的主从复制与主主复制

在实际的生产环境中，单台的 MySQL 数据库服务器不能满足实际的需求。此时数据库集群就很好地解决了这个问题了。采用 MySQL 分布式集群，能够搭建一个高并发、负载均衡的集群服务器。但是在搭建 MySQL 集群之前，必须要保证每台 MySQL 服务器里的数据同步。数据同步可以通过 MySQL 内部配置就可以轻松完成，主要有主从复制和主主复制。

8.1　MySQL 主从复制基础

MySQL 数据库自身提供的主从复制功能可以方便地实现数据的多处自动备份，实现数据库的拓展。多个数据备份不仅可以加强数据的安全性，通过读写分离还能进一步提升数据库的负载性能。

8.1.1　MySQL 主从复制的定义

主从复制（也称 AB 复制）允许将来自一个 MySQL 数据库服务器（主服务器）的数据复制到一个或多个 MySQL 数据库服务器（从服务器）。根据参数文件的配置，可以复制数据库中的所有数据。

MySQL 主从复制的优点包括。

- 横向扩展解决方案：在多个从站之间分配负载以提高性能。在此环境中，所有写入和更新都必须在主服务器上进行。但是，读取可以在一个或多个从设备上进行。该模型可以提高写入性能（因为主设备专用于更新），同时显著提高了从设备的读取速度。
- 数据安全性：因为数据被复制到从站，并且从站可以暂停复制过程，所以可以在从站上运行备份服务而不会破坏相应的主数据。
- 数据分析：可以在主服务器上创建实时数据，而数据分析可以在从服务器上进行，而不会影响主服务器的性能。
- 远程数据分发：可以使用复制操作为远程站点创建数据的本地副本，而无须永久访问主服务器。

MySQL 一主多从的架构如图 8-1 所示。

如果一主多从的话，这时主库（主数据库）既要负责写入数据又要负责为几个从库（从数据库）提供二进制日志。当从库节点比较多的时候，可能会对主库造成一定的读写压力。因此此时可以稍做调整，将二进制日志只给某一个从库。该从库再开启二进制日志并将自己的二进制日志发给

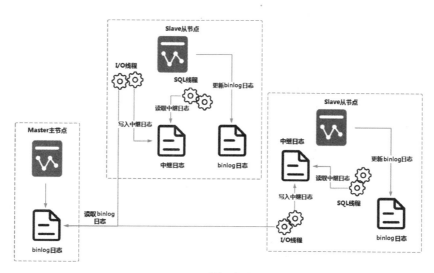

● 图　8-1

其他从库。这样的架构性能可能要好得多，而且数据之间的延时也要好一些。改进后的 MySQL 主
从架构如图 8-2 所示。

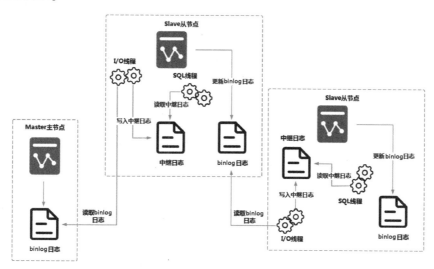

● 图　8-2

8.1.2　主从复制的原理

主从复制的前提是，作为主服务器角色的数据库服务器必须开启二进制日志（binlog），具体的
复制过程如图 8-3 所示。

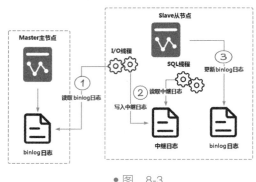

• 图 8-3

图 8-3 中的复制步骤如下。

1）主服务器上的任何修改都会通过自己的 I/O 线程保存在二进制日志里面。

2）从服务器上也启动一个 I/O 线程。通过配置好的用户名和密码，连接到主服务器上请求读取二进制日志，然后把读取到的二进制日志写到本地的一个 RealyLog（中继日志）里面。

3）从服务器上同时开启一个 SQL 线程定时检查 Realylog。如果发现有更新立即把更新的内容写入本机的二进制日志中，并且在本机的数据库上执行一遍。

8.1.3 【实战】搭建 MySQL 的主从复制

下面以 3 个节点为例来搭建 MySQL 的主从复制。表 8-1 列举了这 3 个 MySQL 节点的相关信息。

表 8-1

节点的角色	主 机 名	IP 地址	MySQL 的 server-id
master（主节点）	mysql11	192.168.79.11	1
slave1（从节点 1）	mysql12	192.168.79.12	2
slave2（从节点 2）	mysql13	192.168.79.13	3

下面通过具体的示例来演示如何搭建 MySQL 的主从复制。

1）根据表 8-1 的信息，按照 1.2 小节的步骤搭建 3 台 MySQL 服务器，并在/etc/hosts 文件中加入 IP 地址与主机名之间的映射关系。

```
192.168.79.11 mysql11
192.168.79.12 mysql12
192.168.79.13 mysql13
```

2）修改每个节点的/etc/my.cnf 文件的内容。在该文件中的"［mysqld］"下设置 server-id 并启用 binlog。

```
# master 节点
log-bin=mysql-binlog
server-id=1
```

```
# slave1 节点
log-bin=mysql-binlog
server-id=2

# slave2 节点
log-bin=mysql-binlog
server-id=3
```

3）重新启动 3 台 MySQL 服务器。

```
systemctl restart mysqld
```

4）查看 master 节点的 server-id 信息。

```
mysql> show variables like 'server_id';
```

输出的信息如下。

```
+-----------------------+---------+
|Variable_name |Value |
+-----------------------+---------+
| server_id       |1       |
+-----------------------+---------+
```

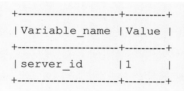

💡 提示

slave1 和 slave2 的 server-id 信息如下。

```
+-----------------------+---------+     +-----------------------+----------+
|Variable_name |Value |     |Variable_name |Value |
+-----------------------+---------+     +-----------------------+----------+
| server_id       |2       |     | server_id       |3       |
+-----------------------+---------+     +-----------------------+----------+
```

5）在主节点上创建主从复制的账号。

```
mysql> create user 'repl'@ '192.168.79.%' identified by 'Welcome_1';
mysql> grant replication slave on * .*  to 'repl'@ '192.168.79.%';
mysql> flush privileges;
```

6）在主节点上创建管理账号。

```
mysql> create user 'myadmin'@ '192.168.79.%' identified by 'Welcome_1';
mysql> grant all privileges on * .*  to 'myadmin'@ '192.168.79.%';
mysql> flush privileges;
```

7）在所有节点上启用 GTID。

```
mysql> set @ @ GLOBAL.ENFORCE_GTID_CONSISTENCY = ON;
mysql> set @ @ GLOBAL.GTID_MODE = OFF_PERMISSIVE;
mysql> set @ @ GLOBAL.GTID_MODE = ON_PERMISSIVE;
mysql> set @ @ GLOBAL.GTID_MODE = ON;
```

· 提示 ·

GTID 是 MySQL 5.6 的新特性，其全称是 Global Transaction Identifier，即全局事务标识符。它可以简化 MySQL 的主从切换以及 Failover。GTID 用于在 binlog 中标识唯一的事务。当事务提交时，MySQL Server 在写 binlog 的时候，会先写一个特殊的 binlog Event，类型为 GTID_Event，指定下一个事务的 GTID，然后再写事务的 binlog。主从同步时，GTID_Event 和事务的 binlog 都会传递到从库，从库在执行的时候也是用同样的 GTID 写 binlog，这样主从同步以后，就可通过 GTID 确定从库同步到的位置了。也就是说，无论是级联情况，还是一主多从情况，都可以通过 GTID 自动找点，而无须像之前那样通过 File_name 和 File_position 找点了。

8）在所有的从节点上分别配置主从复制命令。

```
mysql> change master to
    master_host='192.168.79.11',master_user='repl',master_password='Welcome_1',
    master_auto_position=1;
```

9）在所有的从节点上开启主从同步。

```
mysql> start slave;
```

10）在从节点上查看主从复制的状态。

```
mysql> show slave status \G;
```

输出的信息如下。

```
*************************** 1. row ***************************
            Slave_IO_State: Waiting for master to send event
               Master_Host: 192.168.79.11
               Master_User: repl
               Master_Port: 3306
             Connect_Retry: 60
           Master_Log_File: mysql-binlog.000004
       Read_Master_Log_Pos: 156
            Relay_Log_File: mysql13-relay-bin.000002
             Relay_Log_Pos: 377
     Relay_Master_Log_File: mysql-binlog.000004
          Slave_IO_Running: Yes
         Slave_SQL_Running: Yes
......
```

从输出的结果可以看出，当前 MySQL 从节点所对应的主节点是运行在 192.168.79.11 主机上的

MySQL 数据库实例。

 提示 ●─────────────────────────────

> Slave_IO_Running 和 Slave_SQL_Running 的值均为 Yes，说明 MySQL 主从复制配置成功。

11）在 master 主节点上，创建一个新库，并在其中创建表再插入一些数据。

```
mysql> create database demo2;
mysql> use demo2;
mysql> create table test1(tid int);
mysql> insert into test1 values(123);
```

12）检查从节点上的数据是否与主节点进行了同步。

13）以 slave2 为例检查从节点上的 binlog 日志。

```
cd /usr/local/mysql/data
ll mysql-binlog.*
```

输出的信息如下。

```
-rw-r-----. 1 mysql mysql 1883 Mar  2 22:03 mysql-binlog.000001
-rw-r-----. 1 mysql mysql  206 Mar  2 22:03 mysql-binlog.000002
-rw-r-----. 1 mysql mysql  206 Mar  2 22:03 mysql-binlog.000003
-rw-r-----. 1 mysql mysql  832 Mar  2 22:11 mysql-binlog.000004
-rw-r-----. 1 mysql mysql   88 Mar  2 22:03 mysql-binlog.index
```

14）查看 binlog 中的日志信息。

```
mysql> show binlog events in 'mysql-binlog.000004';
```

输出的信息如图 8-4 所示。

Log_name	Pos	Event_type	Server_id	End_log_pos	Info
mysql-binlog.000004	4	Format_desc	3	125	Server ver: 8.0.20, Binlog ver: 4
mysql-binlog.000004	125	Previous_gtids	3	156	
mysql-binlog.000004	156	Gtid	1	240	SET @@SESSION.GTID_NEXT= '417788e4-99ee-11ec-adab-000c298c28d2:1'
mysql-binlog.000004	240	Query	1	351	create database demo2 /* xid=21 */
mysql-binlog.000004	351	Gtid	1	435	SET @@SESSION.GTID_NEXT= '417788e4-99ee-11ec-adab-000c298c28d2:2'
mysql-binlog.000004	435	Query	1	552	use `demo2`; create table test1(tid int) /* xid=22 */
mysql-binlog.000004	552	Gtid	1	638	SET @@SESSION.GTID_NEXT= '417788e4-99ee-11ec-adab-000c298c28d2:3'
mysql-binlog.000004	638	Query	1	709	BEGIN
mysql-binlog.000004	709	Table_map	1	761	table_id: 83 (demo2.test1)
mysql-binlog.000004	761	Write_rows	1	801	table_id: 83 flags: STMT_END_F
mysql-binlog.000004	801	Xid	1	832	COMMIT /* xid=24 */

● 图 8-4

● 提示 ●─────────────────────────────

> 从 binlog 中的日志信息可以看出，从 Server_id 为 1 的节点上，即 master 主节点上执行了主从复制的同步操作。

8.2　MySQL 主从复制的管理

MySQL 主从复制部署完成后，作为 DBA 来说就需要进行日常的管理和维护了。这里主要涉及两个方面：用户权限管理和日常任务管理。

8.2.1　【实战】主从复制中的用户权限管理

8.1.3 小节的第 5）步授予了"repl"用户"replication slave"的权限。与权限"replication slave"非常相似的一个权限是"replication client"，表 8-2 列举了二者的区别。

表 8-2

权　　限	权 限 说 明
replication slave	该权限用于指定建立主从复制时所需要用到的用户权限。即在从节点上只有具备该权限的用户，才能执行主从复制
replication client	该权限不可用于主从复制。当用户具备该权限时，只可以执行"show slave status""show master status"等命令

下面通过具体的示例来演示主从复制中的用户权限以及"replication slave"和"replication client"之间的区别。

1）在从节点 slave2 上，使用 root 用户撤销 repl 的"replication slave"权限。

```
mysql> revoke all on * .*  from'repl'@ '192.168.79.% ';
mysql> flush privileges;
```

2）在从节点 slave3 上，使用 repl 用户登录从节点 slave2。

```
mysql -urepl -h192.168.79.12 -p
```

3）在从节点 slave3 上，执行"show slave status"命令。

```
mysql> show slave status \G;
```

此时输出的错误信息如下。

```
ERROR 1227 (42000):
Access denied; you need (at least one of) the SUPER, REPLICATION CLIENT privilege(s)
for this operation
```

4）在从节点 slave2 上，授予 repl 用户"replication client"的权限。

```
mysql> grant replication client on * .*  to'repl'@ '192.168.79.% ';
mysql> flush privileges;
```

5）在从节点 slave3 上，重新使用 repl 用户登录从节点 slave2。

6）在从节点 slave3 上，执行"show slave status"命令。

```
mysql> show slave status \G;
```

输出的信息如下。

```
* * * * * * * * * * * * * * * * * * * * * * * * * 1. row * * * * * * * * * * * * * * * * * * * * * * * * *
                Slave_IO_State: Waiting for master to send event
                   Master_Host: 192.168.79.11
                   Master_User: repl
                   Master_Port: 3306
                 Connect_Retry: 60
               Master_Log_File: mysql-binlog.000012
           Read_Master_Log_Pos: 1412
                Relay_Log_File: mysql12-relay-bin.000003
                 Relay_Log_Pos: 1593
         Relay_Master_Log_File: mysql-binlog.000012
              Slave_IO_Running: Yes
             Slave_SQL_Running: Yes
    ......
```

7）在从节点 slave2 上，撤销 repl 用户的"replication client"权限，并授予"replication slave"的权限。

```
mysql> revoke replication client on * .*  from 'repl'@ '192.168.79.% ';
mysql> grant replication slave on * .*  to 'repl'@ '192.168.79.% ';
mysql> flush privileges;
```

8）在从节点 slave3 上，重新使用 repl 用户登录从节点 slave2。

9）在从节点 slave3 上，执行"show slave status"命令。

```
mysql> show slave status \G;
```

此时输出的错误信息如下。

```
ERROR 1227 (42000):
Access denied; you need (at least one of) the SUPER, REPLICATION CLIENT privilege(s)
for this operation
```

8.2.2 主从复制的日常任务管理

MySQL 主从复制的日常任务管理主要包括两个方面：监控主从复制的状态和控制主从复制的任务。

1. 监控主从复制的状态

下面通过具体的示例来演示如何使用 MySQL 提供的命令来监控主从复制，这里包括主节点的监控和从节点的监控。

1）在主节点上查看当前已经连接的从服务器信息。

```
mysql> show slave hosts;
```

输出的信息如图 8-5 所示。

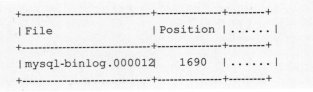

```
+-----------+------+------+-----------+--------------------------------------+
| Server_id | Host | Port | Master_id | Slave_UUID                           |
+-----------+------+------+-----------+--------------------------------------+
|         2 |      | 3306 |         1 | d343e359-9a8c-11ec-9c89-000c29a68c52 |
|         3 |      | 3306 |         1 | 850b149a-9a8c-11ec-901f-000c29132f5c |
+-----------+------+------+-----------+--------------------------------------+
```

● 图 8-5

2）查看主节点的状态。

```
mysql> show master status;
```

输出的信息如下。

```
+----------------------+----------+--------+
| File                 | Position |......|
+----------------------+----------+--------+
| mysql-binlog.000012  |   1690   |......|
+----------------------+----------+--------+
```

> **提示**
>
> 这里的 Position 就是从节点读取主节点 binlog 日志的位置。

3）在从节点上查看主从复制的状态。

```
mysql> show slave status \G;
```

完整的输出信息如下。

```
*************************** 1. row ***************************
               Slave_IO_State: Waiting for master to send event
                  Master_Host: 192.168.79.11
                  Master_User: repl
                  Master_Port: 3306
                Connect_Retry: 60
              Master_Log_File: mysql-binlog.000012
          Read_Master_Log_Pos: 1690
               Relay_Log_File: mysql13-relay-bin.000003
                Relay_Log_Pos: 1871
        Relay_Master_Log_File: mysql-binlog.000012
             Slave_IO_Running: Yes
            Slave_SQL_Running: Yes
              Replicate_Do_DB:
```

```
                 Replicate_Ignore_DB:
               Replicate_Do_Table:
           Replicate_Ignore_Table:
          Replicate_Wild_Do_Table:
      Replicate_Wild_Ignore_Table:
                         Last_Errno: 0
                         Last_Error:
                      Skip_Counter: 0
              Exec_Master_Log_Pos: 1690
                   Relay_Log_Space: 2082
                   Until_Condition: None
                    Until_Log_File:
                     Until_Log_Pos: 0
                 Master_SSL_Allowed: No
                 Master_SSL_CA_File:
                 Master_SSL_CA_Path:
                   Master_SSL_Cert:
                 Master_SSL_Cipher:
                    Master_SSL_Key:
             Seconds_Behind_Master: 0
   Master_SSL_Verify_Server_Cert: No
                     Last_IO_Errno: 0
                     Last_IO_Error:
                    Last_SQL_Errno: 0
                    Last_SQL_Error:
      Replicate_Ignore_Server_Ids:
                   Master_Server_Id: 1
                        Master_UUID: 417788e4-99ee-11ec-adab-000c298c28d2
                  Master_Info_File: mysql.slave_master_info
                          SQL_Delay: 0
               SQL_Remaining_Delay: NULL
           Slave_SQL_Running_State: Slave has read all relay log; waiting for more updates
                Master_Retry_Count: 86400
                        Master_Bind:
          Last_IO_Error_Timestamp:
         Last_SQL_Error_Timestamp:
                    Master_SSL_Crl:
                Master_SSL_Crlpath:
               Retrieved_Gtid_Set: 417788e4-99ee-11ec-adab-000c298c28d2:9-14
                Executed_Gtid_Set: 417788e4-99ee-11ec-adab-000c298c28d2:1-14
                      Auto_Position: 1
                Replicate_Rewrite_DB:
                      Channel_Name:
```

```
        Master_TLS_Version:
    Master_public_key_path:
     Get_master_public_key: 0
         Network_Namespace:
1 row in set (0.00 sec)
```

表 8-3 列出了其中比较重要的一些参数。

表 8-3

参　　数	参数说明
Read_Master_Log_Pos	从节点读取主节点二进制日志的偏移量，与第 2）步中的参数 Position 一致
Slave_IO_State	从节点的 I/O 状态
Slave_IO_Running	从节点的 I/O 线程是否正在运行，即从节点是否正在读取主节点的二进制日志
Slave_SQL_Running	从节点的 SQL 线程是否正在运行，即从节点是否正在执行中继日志中的事件
Last_Error	I/O 线程最近的一次错误信息
Last_SQL_Error	SQL 线程最近的一次错误信息
Seconds_Behind_Master	从节点的 SQL 线程处理中继日志的时间（单位/秒）。该参数可以用来评估主从复制时的延迟大小。0 秒意味着基本同步，数值越大意味着延迟越高

4）如果从节点的"Read_Master_Log_Pos"参数与主节点状态中的"Position"参数不一致，可以在从节点上使用 master_pos_wait( ) 函数，阻塞从节点，直到从节点读取完成了指定的日志文件和偏移量。例如：

```
mysql> select master_pos_wait('mysql-binlog.000012','1690');
```

> **提示**
>
> master_pos_wait( ) 函数返回 0 时，表示从节点已经完成了读取指定的日志文件和偏移量；返回-1 时，则表示超时退出。这里的参数值 mysql-binlog.000012 和 1690 是第 2）步中"show master status"命令输出的结果。

2. 控制主从复制的任务

控制主从复制的任务主要是在从节点上控制 I/O 线程和 SQL 线程，从而达到控制主从复制的目的。下面通过具体的示例来演示如何操作。

1）在从节点上启动和停止主从复制。

```
#停止复制
mysql> stop slave;

#启动复制
mysql> start slave;
```

> **提示**
>
> "stop slave" 命令执行后，从节点的 I/O 线程不再从主节点读取二进制日志文件并写入中继日志；SQL 线程也不再从中继日志读取事件并执行事件语句。

2）在从节点上停止 I/O 线程。

```
mysql> stop slave io_thread;
```

3）查看从节点的状态。

```
mysql> show slave status \G;
```

输出的信息如下。

```
*************************** 1. row ***************************
          Slave_IO_State:
    ......
       Slave_IO_Running: No
      Slave_SQL_Running: Yes
    ......
Slave_SQL_Running_State: Slave has read all relay log;
   waiting for more updates
    ......
```

> **提示**
>
> 这里可以看到 Slave_IO_Stat 的值为空值，Slave_IO_Running 的值为 No，Slave_SQL_Running 的值为 "Yes"，Slave_SQL_Running_State 的值为 "Slave has read all relay log; waiting for more updates"。

4）在从节点上停止 SQL 线程。

```
mysql> stop slave sql_thread;
```

5）查看从节点的状态。

```
mysql> show slave status \G;
```

输出的信息如下。

```
*************************** 1. row ***************************
          Slave_IO_State:
    ......
       Slave_IO_Running: No
      Slave_SQL_Running: No
    ......
Slave_SQL_Running_State:
    ......
```

6）重新启动从节点。

```
mysql> start slave;
```

> **提示**
>
> 这里也可以分别执行"start slave io_thread"和"start slave sql_thread"命令。

8.3 MySQL 的主主复制

MySQL 的主从复制可以将主节点的变更通过 binlog 同步到从节点上从而实现数据的同步，其本质也是备份的一种方式。但是主从复制只能完成从主节点到从节点的同步，并不能完成从从节点到主节点的同步。换句话说，从节点如果对数据进行了变更，将无法同步到主节点上。为了解决这样的问题，MySQL 便提供了主主复制的功能。

8.3.1 主主复制的基本原理

主主复制也是 MySQL 备份的一种方式。所谓主主复制其实就是两台 MySQL 服务器互为主从复制的关系。每一台 MySQL 服务器既是主节点（master），也是另一台 MySQL 服务器的从节点（slave）。在主主复制的架构中，任何一方所做的变更都会同步到另一方的 MySQL 数据库服务器中。

因此，MySQL 的主主复制其实就是主从复制的一种扩展。图 8-6 展示了 MySQL 主主复制的基本架构。

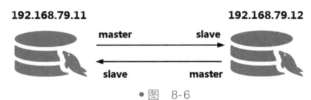

• 图 8-6

8.3.2 【实战】搭建 MySQL 主主复制环境

在 8.1.3 小节中已经部署完成了从"192.168.79.11"到"192.168.79.12"的主从复制，即"192.168.79.11"是主节点，而"192.168.79.12"是从节点。因此这里只需要配置"192.168.79.11"是从节点，而"192.168.79.12"是主节点即可。

下面通过具体示例来演示如何搭建 MySQL 的主主复制。

1）在"192.168.79.12"上创建用于主从复制的用户，并授予相应的权限。

```
mysql> create user 'repl_BtoA'@'192.168.79.%' identified by 'Welcome_1';
mysql> grant replication slave on *.* to 'repl_BtoA'@'192.168.79.%';
mysql> flush privileges;
```

2）在"192.168.79.11"上配置主从复制。

```
mysql> change master to
    master_host='192.168.79.12',master_user='repl_BtoA',master_password='Welcome_1',
    master_auto_position=1;
```

3）在"192.168.79.11"的从节点上开启主从同步。

```
mysql> start slave;
```

4）在"192.168.79.11"上查看主主复制的状态。

```
mysql> show slave status \G;
```

输出的信息如下。

```
*************************** 1. row ***************************
            Slave_IO_State: Waiting for master to send event
               Master_Host: 192.168.79.12
               Master_User: repl_BtoA
               Master_Port: 3306
             Connect_Retry: 60
           Master_Log_File: mysql-binlog.000017
       Read_Master_Log_Pos: 9415
            Relay_Log_File: mysql11-relay-bin.000002
             Relay_Log_Pos: 8180
     Relay_Master_Log_File: mysql-binlog.000017
          Slave_IO_Running: Yes
         Slave_SQL_Running: Yes
......
```

5）由于此时有两个主节点都可以操作数据库中的数据，并且将更新同步到对方的数据库中，这样就可能造成主键冲突的问题。因此，可以通过设置主键自动增长的策略来避免这个问题。

```
#在"192.168.79.11"设置主键自动增长策略
mysql> set global auto_increment_increment = 2;
mysql> set global auto_increment_offset = 1;
mysql> set session auto_increment_increment = 2;
mysql> set session auto_increment_offset = 1;

#在"192.168.79.12"设置主键自动增长策略
mysql> set global auto_increment_increment = 2;
mysql> set global auto_increment_offset = 2;
mysql> set session auto_increment_increment =2;
mysql> set session auto_increment_offset = 2;
```

其中：

- auto_increment_increment：表示主键自增长时的步长值。一般情况下，在主主复制的环境中有几个主节点，这个值就是多少。

- auto_increment_offset：表示主键自增长时的起始值。一般情况下，当前的 MySQL 数据库服务器是主主复制中的第几台，这个值就是多少。例如："192.168.79.11"是第 1 台，auto_increment_offset 的值就是 1，以此类推。

6）在"192.168.79.11"的主节点上插入一条新的数据。

```
mysql> use demo2;
mysql> insert into test1 values(1122);
```

7）在"192.168.79.12"的从节点上执行查询，确认数据是否已完成同步。

```
mysql> use demo2;
mysql> select *  from test1;
```

输出的信息如下。

```
+---------+
|tid     |
+---------+
|    123 |
|    456 |
|    789 |
|   1122 |
+---------+
```

8）反之，在"192.168.79.12"的主节点上插入一条新的数据，并在"192.168.79.11"的从节点上执行查询，确认数据是否已完成同步。

第9章 MySQL的高可用架构

MySQL 支持多种方式的高可用架构以解决主从复制中的单点故障问题。本章将介绍 MySQL 几种常见的高可用架构，并且通过具体的示例来演示如何在实际的环境中进行安装和配置。

9.1 主从架构的单点故障问题与高可用解决方案

MySQL 的主从复制是一种主从式的架构，即存在一个主节点（master）和多个从节点（slave）。由于整个架构中只存在一个主节点，当它发生宕机或者出现问题的时候势必影响整个集群的正常工作。因此，需要基于高可用的架构来解决 MySQL 主从复制的单点故障问题。而高可用架构的核心就是对主节点进行监控，当其出现故障的时候通过将某一从节点提升为新的主节点的方式，实现故障的自动转移。MySQL 支持多种方式来实现高可用，例如：

- 基于 MySQL MHA 实现高可用架构。
- 基于 KeepAlived 实现 MySQL 高可用架构。
- 基于 PXC 实现 MySQL 高可用架构。
- 基于 MGR 实现 MySQL 高可用架构。

9.2 基于 MHA 的 MySQL 高可用架构

MHA（Master HA）是一个日本工程师开发的比较成熟的 MySQL 高可用方案。MHA 能够在 30 秒内实现故障切换，并能在故障切换中最大可能地保证数据一致性。

9.2.1 MHA 简介

MHA 是一款开源的 MySQL 的高可用程序，它为 MySQL 主从复制架构提供了主节点出现故障时自动迁移的功能。MHA 在监控到主节点出现故障时，会将 MySQL 主从复制中拥有最新数据的从节点提升为新的主节点。在此期间，MHA 会通过其他从节点获取额外信息来避免数据一致性方面的问题。MHA 还提供了主节点的在线切换功能，即按需切换 master/slave 节点。

图 9-1 展示了 MHA 的体系架构。

MHA 主从切换的过程如下。

- 从宕机崩溃的主节点上保存二进制日志事件（binlog events）。
- 识别含有最新更新（数据）的从节点。
- 应用中继日志（relay log）到其他从节点。
- 应用从主节点保存的二进制日志事件。
- 提升一个从节点为新的主节点。
- 使用其他的从节点连接到新的主节点。

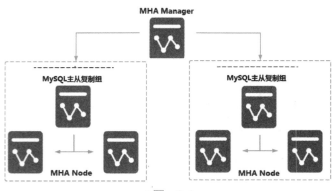

● 图 9-1

9.2.2 MHA 的组成

从图 9-1 中可以看出 MHA 服务有两种角色，即 MHA Manager（管理节点）和 MHA Node（数据节点）。表 9-1 列举了它们各自的作用。

表 9-1

MHA 服务的角色	角色说明
MHA Manager	MHA Manager 可以单独部署在一台独立的机器上管理多个主从集群，也可以部署在一台从节点上。MHA Manager 会定时探测集群中的主从点，当主从点出现故障时，它可以自动将最新数据的从节点提升为新的主节点，然后将所有其他的从节点重新指向新的主节点。整个故障转移过程对应用程序完全透明
MHA Node	MHA Node 运行在 MySQL 主节点或者从节点上。它通过监控具备解析和清理日志功能的脚本来加快故障转移。主要是接收管理节点所发出的指令，该指令需要运行在每一个 MySQL 节点上

MHA 会提供诸多工具程序，主要分为 MHA Manager 工具和 MHA Node 工具，如表 9-2 所示。

表 9-2

工具类别	工具程序	工具说明
MHA Manager 工具	masterha_check_ssh	MHA 依赖的 SSH 环境监测工具
	masterha_check_repl	MySQL 主从复制环境检测工具
	masterga_manager	MHA 服务主程序
	masterha_check_status	MHA 运行状态探测工具
	masterha_master_monitor	MySQL 主节点可用监测工具
	masterha_master_swith	主节点切换工具
	masterha_conf_host	添加或删除配置的节点
	masterha_stop	关闭 MHA 服务的工具

（续）

工具类别	工具程序	工具说明
MHA Node 工具	save_binary_logs	保存和复制主节点的二进制日志
	apply_diff_relay_logs	识别差异的中继日志事件并应用于其他从节点
	purge_relay_logs	清除中继日志（不会阻塞 SQL 线程）
	其他自定义扩展工具	

9.2.3 【实战】部署基于 MySQL MHA 的高可用架构

下面将在 MySQL 主从复制的基础上，通过具体的示例来演示安装部署 MHA，从而实现 MySQL 的高可用架构。

1）根据 8.1.3 小节中的步骤搭建有 3 个节点的 MySQL 主从复制架构。

> 📖 **提示** ·
>
> 由于 MHA 需要使用 SSH 免密码登录。因此需要在各节点上配置 SSH 免密码登录，即 SSH 的互信。

2）在 mysql11 的节点上生成 SSH 免密码登录的公钥和私钥。

```
ssh-keygen -t rsa
```

输出的信息如下。

```
Generating public/private rsa key pair.
Enter file in which to save the key (/root/.ssh/id_rsa):
Enterpassphrase (empty for no passphrase):
Enter samepassphrase again:
Your identification has been saved in /root/.ssh/id_rsa.
Your public key has been saved in /root/.ssh/id_rsa.pub.
......
```

3）将 mysql11 上生成的公钥复制到所有的节点。

```
ssh-copy-id -i .ssh/id_rsa.pub root@ 192.168.79.11
ssh-copy-id -i .ssh/id_rsa.pub root@ 192.168.79.12
ssh-copy-id -i .ssh/id_rsa.pub root@ 192.168.79.13
```

> 📖 **提示** ·
>
> 这一步在进行复制的时候需要输入对方主机 root 用户的密码。

4）在 mysql12 和 mysql13 上重复第 2）步与第 3）步的操作。

5）在 mysql11 上验证是否可以免密码登录到其他节点上，例如：

```
ssh 192.168.79.12
```

提示

此时可以不用输入密码便可以登录该主机。

6）从 GitHub 上下载 MHA Manager 和 MHA Node 所需要的软件，如图 9-2 所示。

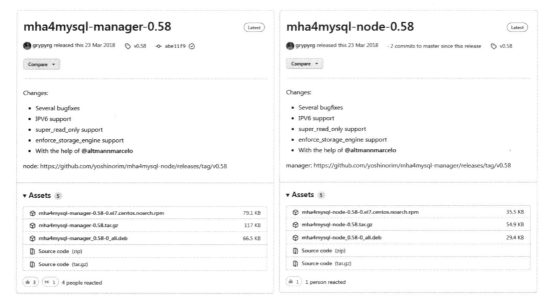

● 图　9-2

7）在所有节点上安装依赖包和 MHA Node 软件。

```
yum -y install perl-DBD-MySQL
rpm -ivh mha4mysql-node-0.58-0.el7.centos.noarch.rpm
```

8）在 mysql11 上安装依赖包和 MHA Manager 软件。

```
yum install -y perl-Config-Tiny
yum install -y epel-release
yum install -y perl-Log-Dispatch
yum install -y perl-Parallel-ForkManager
yum install -y perl-Time-HiRes
rpm -ivh mha4mysql-manager-0.58-0.el7.centos.noarch.rpm
```

9）在 mysql11 上创建配置文件目录和日志目录。

```
mkdir -p /etc/mha
mkdir -p /var/log/mha/log
```

10）在 mysql11 上创建 MHA 的配置文件/etc/mha/mha.cnf，并输入下面的内容。

```
[server default]
manager_log=/var/log/mha/log/manager
manager_workdir=/var/log/mha/log
master_binlog_dir=/var/lib/mysql
user=myadmin
password=Welcome_1
ping_interval=2
repl_user=repl
repl_password=Welcome_1
ssh_user=root
[server1]
hostname=192.168.79.11
port=3306
[server2]
hostname=192.168.79.12
port=3306
[server3]
hostname=192.168.79.13
port=3306
```

11）互信的检查。

```
masterha_check_ssh --conf=/etc/mha/mha.cnf
```

输出的信息如下。

```
[info] Starting SSH connection tests..
[info] Connecting via SSH from root@ 192.168.79.11(192.168.79.11:22)
    to root@ 192.168.79.12(192.168.79.12:22)
    ok.
......
[info] All SSH connection tests passed successfully.
```

12）检查主从复制状态。

```
masterha_check_repl --conf=/etc/mha/mha.cnf
```

提示

　　如果配置了 MySQL 的主主复制，则需要通过下面的语句取消 MySQL 其中一端的主主复制设置。

```
stop slave;
change master to master_host='';
```

输出的信息如下。

```
......
[info] Dead Servers:
[info] Alive Servers:
[info]    192.168.79.11(192.168.79.11:3306)
[info]    192.168.79.12(192.168.79.12:3306)
[info]    192.168.79.13(192.168.79.13:3306)
[info] Alive Slaves:
[info]    192.168.79.12(192.168.79.12:3306)   Version=8.0.20
[info]       Replicating from 192.168.79.11(192.168.79.11:3306)
[info]    192.168.79.13(192.168.79.13:3306)   Version=8.0.20
[info]       Replicating from 192.168.79.11(192.168.79.11:3306)
[info] Current Alive Master: 192.168.79.11(192.168.79.11:3306)
......
[info]HealthCheck: SSH to 192.168.79.11 is reachable.
[info]
192.168.79.11(192.168.79.11:3306) (current master)
+--192.168.79.12(192.168.79.12:3306)
+--192.168.79.13(192.168.79.13:3306)
[info] Checking replication health on 192.168.79.12..
[info]  ok.
[info] Checking replication health on 192.168.79.13..
[info]  ok.
[info] Got exit code 0 (Not master dead).

MySQL Replication Health is OK.
```

13）开启 MHA Manager。

```
nohup masterha_manager --conf=/etc/mha/mha.cnf \
> /var/log/mha/log/manager.log < /dev/null 2>&1 &
```

14）查看 MHA 状态。

```
masterha_check_status --conf=/etc/mha/mha.cnf
```

输出的信息如下。

```
mha (pid:8533) is running(0:PING_OK), master:192.168.79.11
```

15）测试高可用的自动切换。检查 mysql12 和 mysql13 上从节点的状态，如图 9-3 所示。

```
mysql> show slave status \G;
```

> 提示
>
> 从图 9-3 中可以看出现在 MySQL 主从复制的主节点是 "192.168.79.11"。

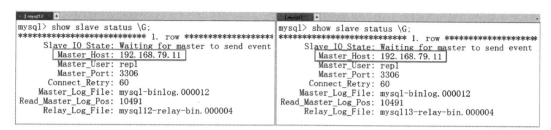

• 图　9-3

16）在 mysql111 上关闭 MySQL 数据库以模拟出现故障而宕机。此时，MHA 会自动进行主从切换。切换完成后，MHA 进程会自动停止运行。

```
mysqladmin -uroot -pWelcome_1 shutdown
```

17）重新检查 mysql12 和 mysql13 上从节点的状态，如图 9-4 所示。

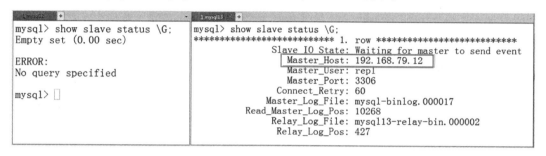

• 图　9-4

提示

从图中可以看出，mysql12 上的从节点信息已经没有了，因为它已经被提升为主节点，而 mysql13 上的 Master_Host 也指向了 "192.168.79.12"。

9.3　基于 KeepAlived 的 MySQL 高可用架构

KeepAlived 可以实现 MySQL 主主复制的高可用性。使用 KeepAlived+MySQL 主主复制的方式，除了具备高可用的特性以外，它的部署和维护都非常简单。因此对于小型项目来说，一般推荐使用这样的方式。

9.3.1　KeepAlived 简介

Keepalived 是一款高可用软件。Keepailived 有一台主服务器（master）和多台备份服务器（backup），在主服务器和备份服务器上部署相同的服务配置，使用一个虚拟的 VIP 地址对外提供服务。当主服务器出现故障时，虚拟的 VIP 地址会自动漂移到备份服务器。图 9-5 展示了 KeepAlived+MySQL 主主复制实现高可用的架构。

• 图 9-5

9.3.2 【实战】部署基于 KeepAlived 的 MySQL 高可用架构

下面将通过具体的示例演示如何基于 KeepAlived++MySQL 主主复制来实现 MySQL 的高可用架构。

1）按照 8.3.2 小节的步骤搭建 MySQL 的主主复制。

2）在每个节点上安装 KeepAlived。

```
yum install -y keepalived
```

3）在 mysql11 上创建脚本 "/usr/local/mysql/check_mysql.sh" 检查 MySQL 的运行状态，在脚本中输入下面的内容。

```
#! /bin/bash
counter=$(netstat -na |grep "LISTEN" |grep "3306" |wc -l)
if [ "${counter}" -eq 0 ]; then
    systemctl stop keepalived
fi
```

> 💡 **提示** •
>
> check_mysql.sh 脚本会检查 MySQL 的运行状态。如果发现 MySQL 出现故障，KeepAlived 会选择自动停止。这样就可以由备份服务器的 KeepAlived 通过心跳检测获知这个情况，从而接管 VIP 的请求。

4）授予脚本可执行的权限。

```
chmod +x /usr/local/mysql/check_mysql.sh
```

5）在 mysql11 上清空文件 "/etc/keepalived/keepalived. conf"，输入下面的内容配置 KeepAlived。

```
! Configuration File forkeepalived

global_defs {
    router_id lb01
}

#检测 mysql 服务是否在运行
vrrp_script chk_mysql_port {
    #这里通过脚本监测
    script "/usr/local/mysql/check_mysql.sh"
    #脚本每 2 秒检测一次
    interval 2
    #连续 2 次失败才算确定是真失败
    fall 2
    #检测一次成功就算成功,但不修改优先级
    rise 1
}

vrrp_instance VI_1 {
    state MASTER
    #指定 VIP 的网卡接口
    interface ens33
    #路由器标识,主服务器和备份服务器必须是一致的
    virtual_router_id 51
    #定义优先级,数字越大,优先级越高
    #主服务器的优先级必须大于备份服务器的优先级
    #这样主服务器故障恢复后,就可以将 VIP 资源再次抢回来
    priority 101
    advert_int 1
    authentication {
      auth_type PASS
      auth_pass 1234
    }
    #定义 VIP 地址
    virtual_ipaddress {
        192.168.79.10
    }
}

track_script {
    chk_mysql_port
}
}
```

6）在 mysql11 上启动 KeepAlived，并查看 KeepAlived 的运行状态。

```
systemctl start keepalived
systemctl status keepalived
```

输出信息如下。

```
keepalived.service - LVS and VRRP High Availability Monitor
  ......
  Active: active (running) since Fri 2022-03-04 19:38:19 CST; 4s ago
  ......
```

7）在 mysql11 上查看虚拟 VIP 的信息。

```
ip addr |grep 192.168.79.10
```

输出的信息如下。

```
inet 192.168.79.10/32 scope global ens33
```

> 💡 提示
>
> 这时可以看到在 mysql11 的主机上已经有了虚拟 VIP 的地址了。换句话说，现在虚拟 VIP 在 mysql11 的主机上。

8）在任意节点使用虚拟 VIP 验证是否能够成功登录 MySQL。

```
mysql -uroot -pWelcome_1 -h192.168.79.10
```

9）在 mysql12 上创建与 mysql11 相同的脚本 "/usr/local/mysql/check_ mysql. sh"，并授予可执行的权限。

10）在 mysql12 上清空文件 "/etc/keepalived/keepalived. conf"，输入下面的内容配置 KeepAlived。

```
! Configuration File forkeepalived

global_defs {
  router_id lb01
}

#检测 mysql 服务是否在运行
vrrp_script chk_mysql_port {
    #这里通过脚本监测
    script "/usr/local/mysql/check_mysql.sh"
    #脚本每 2 秒检测一次
    interval 2
    #连续 2 次失败才算确定是真失败
    fall 2
    #检测一次成功就算成功,但不修改优先级
    rise 1
}
```

```
vrrp_instance VI_1 {
    state BACKUP
    #指定 VIP 的网卡接口
    interface ens33
    #路由器标识,主服务器和备份服务器必须是一致的
    virtual_router_id 51
    #定义优先级,数字越大,优先级越高
    #主服务器的优先级必须大于备份服务器的优先级
    #这样 MASTER 故障恢复后,就可以将 VIP 资源再次抢回来
    priority 90
    advert_int 1
    authentication {
      auth_type PASS
      auth_pass 1234
    }
    #定义 VIP 地址
    virtual_ipaddress {
        192.168.79.10
    }

track_script {
    chk_mysql_port
}
}
```

11）在 mysql12 上启动 KeepAlived，并查看 KeepAlived 的运行状态。

```
systemctl start keepalived
systemctl status keepalived
```

输出信息如下。

```
keepalived.service - LVS and VRRP High Availability Monitor
 ......
  Active: active (running) since Fri 2022-03-04 19:38:19 CST; 4s ago
 ......
```

12）在 mysql12 上查看虚拟 VIP 的信息。

```
ip addr |grep 192.168.79.10
```

━━◆ 🗒 提示 ◆━━

此时 mysql12 上没有任何的虚拟 VIP 信息，因为此时虚拟 VIP 在 mysql11 的主机上。

13）在 mysql11 上停止 MySQL 数据库服务。

```
systemctl stop mysqld
```

14）在 mysql11 上查看 KeepAlived 的后台进程信息。

```
ps -ef |grep keepalived
```

> 💡 **提示** •
>
> 此时将没有任何的 KeepAlived 的进程信息，因为由于检测到 MySQL 出现了故障，KeepAlived 选择了自动停止。

15）在 mysql12 上查看虚拟 VIP 的信息。

```
ip addr |grep 192.168.79.10
```

输出的信息如下。

```
inet 192.168.79.10/32 scope global ens33
```

> 💡 **提示** •
>
> 此时虚拟 VIP 已经漂移到了 mysql12 上。

16）再次在任意节点使用虚拟 VIP 验证是否能够成功登录 MySQL。

```
mysql -uroot -pWelcome_1 -h192.168.79.10
```

> 💡 **提示** •
>
> 第 8）步和第 16）步均可以通过虚拟 VIP 成功登录 MySQL。但第 8）步时，虚拟 VIP 在 mysql11 的主机上；而第 16）步时，虚拟 VIP 在 mysql12 的主机上。

17）重新启动 mysql11 上的 MySQL 数据库服务和 KeepAlived。此时虚拟 VIP 又会从 mysql12 的主机漂移回到 mysql11 的主机上。

```
systemctl start mysqld
systemctl start keepalived
```

9.4　基于 PXC 的 MySQL 高可用架构

基于 MHA 和 KeepAlived 的 MySQL 高可用架构最大的问题是存在数据复制的延迟。在一些数据同步要求较高的场景中，这两种高可用的架构就无法满足要求。而基于 PXC 的 MySQL 高可用架构却能很好地解决这一问题，达到数据的实时同步。

9.4.1　PXC 简介

PXC 是 Percona XtraDB Cluster 的简称，它提供了 MySQL 高可用和数据实时同步的一种实现方法。PXC 具有高可用性、方便扩展且可以实现多个 MySQL 节点间的数据同步复制和读写，保证数据的强一致性，基本达到实时同步数据的目的。PXC 架构不共享任何数据，是一种高冗余架构。

PXC 具有以下的优点。

- 实现了 MySQL 数据库的高可用性和数据的强一致性。
- 完成了真正的多节点读写集群方案。
- 基本达到了实时同步，改善了传统意义上的主从延迟问题。
- 新加入的节点可以自动部署，无须提供手动备份。
- 数据库的故障切换容易。

图 9-6 展示了 PXC 的体系架构。

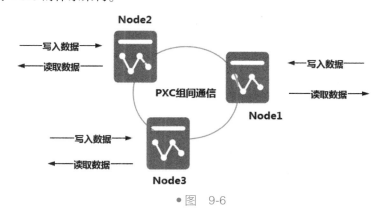

●图　9-6

但是 PXC 也存在一定的缺点，主要体现在以下几个方面。

- 新加入的节点开销大，需要复制完整的数据。
- 任何更新事务都需要全局验证通过，才会在每个节点库上执行。
- 集群性能受限于性能最差的节点。
- 因为需要保证数据的一致性，所以在多个节点并发写时，冲突比较严重。
- 存在写扩大问题，所有节点都会发生写操作。
- 只支持 InnoDB 存储引擎。
- 没有表级别的锁定，执行 DDL 语句操作会把整个集群锁住。
- 所有表必须有主键，不然操作数据时会报错。

9.4.2　【实战】部署基于 PXC 的 MySQL 高可用架构

下面将通过具体的示例来演示如何部署 PXC 的高可用集群环境。所使用到的主机信息请参考表 8-1。

> **提示**
>
> 这里使用的 PXC 版本是：Percona-XtraDB-Cluster_8.0.26-16.1_Linux.x86_64.glibc2.17.tar.gz

1）所有节点关闭防火墙。

```
systemctl stop firewalld.service
systemctl disable firewalld.service
```

2）所有节点关闭 SELinux，编辑文件 "/etc/selinux/config"，将下列参数设置为 disabled。

```
SELINUX=disabled
```

3）所有节点创建 MySQL 用户、组和 MySQL 的数据目录。

```
#创建 MySQL 的 HOME 目录
mkdir -p /home/mysql

#创建 MySQL 组
groupadd mysql

#创建 MySQL 的用户,并指定组和默认路径
useradd -r -d /home/mysql -g mysql mysql

#创建数据目录
mkdir -p /usr/local/mysql/data
```

4）所有节点设置 MySQL 目录的相关权限。

```
#将 Mysql 默认路径的用户和组改成 mysql
chown -R mysql:mysql /home/mysql

#设置目录"/usr/local/mysql"的所有者
chown -R mysql:mysql /usr/local/mysql

#将数据目录的用户和组改成 mysql
chown mysql:mysql /usr/local/mysql/data

#更改数据目录权限
chmod 750 /usr/local/mysql/data
```

5）所有节点编辑文件 "/etc/profile" 为 MySQL 配置环境，增加下面的内容。

```
export PATH=$ PATH:/usr/local/mysql/bin
```

6）所有节点生效 MySQL 环境变量。

```
source /etc/profile
```

7）在所有节点上解压 PXC 安装包。

```
cd /usr/local

tar -zxvf \
```

```
Percona-XtraDB-Cluster_8.0.26-16.1_Linux.x86_64.glibc2.17.tar.gz
```

```
mv Percona-XtraDB-Cluster_8.0.26-16.1_Linux.x86_64.glibc2.17/ mysql/
```

8）在 mysql11 上编辑 MySQL 配置文件 "/etc/my.cnf"，文件内容如下。

```
[mysqld]
server-id=1
port=3306
basedir=/usr/local/mysql
datadir=/usr/local/mysql/data
log-error=/usr/local/mysql/data/error.log
socket=/tmp/mysql.sock
pid-file=/usr/local/mysql/data/mysql.pid
character-set-server=utf8
lower_case_table_names=1
innodb_log_file_size=1G
binlog_format=ROW
default_storage_engine=InnoDB
innodb_autoinc_lock_mode=2
default_authentication_plugin=mysql_native_password
#指定集群通用复制库的路径
wsrep_provider=/usr/local/mysql/lib/libgalera_smm.so
#集群中每个节点的 URL 地址
wsrep_cluster_address=gcomm://192.168.79.11,192.168.79.12,192.168.79.13
#该节点的地址和名称
wsrep_node_address=192.168.79.11
wsrep_node_name=mysql11
#设置集群数据同步方式
wsrep_sst_method=xtrabackup-v2
#设置集群的名称
wsrep_cluster_name=my_pxc_cluster
#设置集群通信不加密
pxc-encrypt-cluster-traffic=OFF
[client]
port=3306
default-character-set=utf8
```

9）在 mysql11 上初始化 MySQL，并查看 root 用户的临时密码。

```
mysqld --initialize --user mysql
cat /usr/local/mysql/data/error.log
```

输出的信息如下。

```
A temporary password is generated for root@ localhost:ktAszmZw4J_(
```

10）在 mysql11 上启动 MySQL 实例。

```
cd /usr/local/mysql
support-files/mysql.server bootstrap-pxc
```

输出的信息如下。

```
Bootstrapping PXC (Percona XtraDB Cluster) Starting MySQL (Percona XtraDB Cluster)..
SUCCESS!
```

11）在 mysql11 上使用 root 用户和临时密码登录 MySQL，并修改 root 用户的密码。

```
mysql> alter user 'root'@'localhost' identified by 'Welcome_1';
```

12）查看 PXC 集群的信息。

```
mysql> show status like 'wsrep%';
```

输出的信息如下。

```
+-----------------------------------------+----------------+
| Variable_name                           | Value          |
+-----------------------------------------+----------------+
| ...                                     |                |
| wsrep_local_state                       | 4              |
| wsrep_local_state_comment               | Synced         |
| ...                                     |                |
| wsrep_cluster_size                      | 1              |
| wsrep_cluster_status                    | Primary        |
| wsrep_connected                         | ON             |
| ...                                     |                |
| wsrep_ready                             | ON             |
+-----------------------------------------+----------------+
```

 提示

wsrep_cluster_size 的参数值为 1，表示当前集群中只存在一个节点。

13）在 mysql12 上编辑 MySQL 配置文件 "/etc/my.cnf"，文件内容如下。

```
[mysqld]
server-id=2
port=3306
basedir=/usr/local/mysql
datadir=/usr/local/mysql/data
log-error=/usr/local/mysql/data/error.log
socket=/tmp/mysql.sock
pid-file=/usr/local/mysql/data/mysql.pid
character-set-server=utf8
```

```
lower_case_table_names=1
innodb_log_file_size=1G
binlog_format=ROW
default_storage_engine=InnoDB
innodb_autoinc_lock_mode=2
default_authentication_plugin=mysql_native_password
#指定集群通用复制库的路径
wsrep_provider=/usr/local/mysql/lib/libgalera_smm.so
#集群中每个节点的 URL 地址
wsrep_cluster_address=gcomm://192.168.79.11,192.168.79.12,192.168.79.13
#该节点的地址和名称
wsrep_node_address=192.168.79.12
wsrep_node_name=mysql12
#设置集群数据同步方式
wsrep_sst_method=xtrabackup-v2
#设置集群的名称
wsrep_cluster_name=my_pxc_cluster
#设置集群通信不加密
pxc-encrypt-cluster-traffic=OFF
[client]
port=3306
default-character-set=utf8
```

14）在 mysql12 上初始化 MySQL，并查看 root 用户的临时密码。

```
mysqld --initialize --user mysql
cat /usr/local/mysql/data/error.log
```

输出的信息如下。

```
A temporary password is generated for root@ localhost:ktAszmZw4J_(
```

15）在 mysql11 上启动 MySQL 实例。

```
cd /usr/local/mysql
support-files/mysql.server start
```

16）再次查看 PXC 集群的信息。

```
mysql> show status like 'wsrep%';
```

输出的信息如下。

 提示

wsrep_cluster_size 的参数值为 2，表示当前集群中已存在两个节点。

```
+------------------------------------------+---------------+
| Variable_name                            | Value         |
+------------------------------------------+---------------+
| ...                                      |               |
| wsrep_local_state                        | 4             |
| wsrep_local_state_comment                | Synced        |
| ...                                      |               |
| wsrep_cluster_size                       | 2             |
| wsrep_cluster_status                     | Primary       |
| wsrep_connected                          | ON            |
| ...                                      |               |
| wsrep_ready                              | ON            |
+------------------------------------------+---------------+
```

17）在 mysql13 上执行与 mysql12 相同的操作，以下是 mysql13 上配置文件的内容。

```
[mysqld]
server-id=3
port=3306
basedir=/usr/local/mysql
datadir=/usr/local/mysql/data
log-error=/usr/local/mysql/data/error.log
socket=/tmp/mysql.sock
pid-file=/usr/local/mysql/data/mysql.pid
character-set-server=utf8
lower_case_table_names=1
innodb_log_file_size=1G
binlog_format=ROW
default_storage_engine=InnoDB
innodb_autoinc_lock_mode=2
default_authentication_plugin=mysql_native_password
#指定集群通用复制库的路径
wsrep_provider=/usr/local/mysql/lib/libgalera_smm.so
#集群中每个节点的 URL 地址
wsrep_cluster_address=gcomm://192.168.79.11,192.168.79.12,192.168.79.13
#该节点的地址和名称
wsrep_node_address=192.168.79.13
wsrep_node_name=mysql13
#设置集群数据同步方式
wsrep_sst_method=xtrabackup-v2
#设置集群的名称
wsrep_cluster_name=my_pxc_cluster
#设置集群通信不加密
pxc-encrypt-cluster-traffic=OFF
```

```
[client]
port=3306
default-character-set=utf8
```

18）再次查看 PXC 集群的信息。

```
mysql> show status like 'wsrep%';
```

输出的信息如下。

```
+----------------------------------+-------------+
| Variable_name                    | Value       |
+----------------------------------+-------------+
| ...                              |             |
| wsrep_local_state                | 4           |
| wsrep_local_state_comment        | Synced      |
| ...                              |             |
| wsrep_cluster_size               | 3           |
| wsrep_cluster_status             | Primary     |
| wsrep_connected                  | ON          |
| ...                              |             |
| wsrep_ready                      | ON          |
+----------------------------------+-------------+
```

> **提示**
>
> wsrep_cluster_size 的参数值为 3，表示当前集群中已存在 3 个节点。

19）在 mysql11 的节点上，创建一个新库，并在其中创建表，再插入一些数据。

```
mysql> create database demo2;
mysql> use demo2;
mysql> create table test1(tid int);
mysql> insert into test1 values(123);
```

20）检查 mysql12 和 mysql13 上的数据是否与 mysql11 进行了同步。

> **提示**
>
> 此时，在 mysql12 和 mysql13 上通过 PXC 完成了与 mysql11 的同步，即在 mysql11 上创建的 demo2 数据库和 text1 表会同步到 mysql12 和 mysql13 上。

9.5　基于 MGR 的 MySQL 高可用架构

在 MGR 出现之前，MySQL 集群的主从复制都是采用异步复制或者半同步复制的方式。无论是哪种方式，数据的一致性问题都无法保证。为了解决这个问题，MySQL 官方在 5.7.17 版本正式推出 MySQL Group Replication，简称 MGR，即 MySQL 的组复制。

> **提示**
>
> 异步复制的方式是指主节点执行事务，写入 binlog 日志然后提交。从节点接收 binlog 日志事务并将事务先写入中继日志，然后重做事务。当主节点宕机时，有可能会造成数据不一致情况。
>
> 半同步复制的方式是指主节点执行事务写入 binlog 日志，将 binlog 事务日志传送到从节点。从节点接收到 binlog 事务日志后，将其写到中继日志中，然后向主节点返回传送成功 ACK。当主节点收到 ACK 后，再提交事务。

9.5.1 MGR 简介

MGR 是 MySQL 的一个全新高可用与高扩展的解决方案，并以插件形式提供，实现了分布式下数据的最终一致性。一个 MGR 复制组由若干个数据库实例的节点组成，组内各节点维护各自的数据副本。MGR 通过一致性协议实现原子消息和全局有序消息，从而保证组内实例数据的一致。

图 9-7 展示了一个 MGR 复制组结构和工作的机制。图中的 3 个数据库实例通过一致性协议层（Consensus）组成一个 MRG 复制组，即 Master1、Master2 和 Master3 是一个组中的成员。在 Master1 上执行了一个操作，MGR 组内通过原子消息和全局有序消息，将该操作广播给组内的其他成员。当前 Master1 提交该事务的时候，必须经过组内半数以上的节点（N/2+1）决议（Certify）并通过，Master1 才能提交该事务。

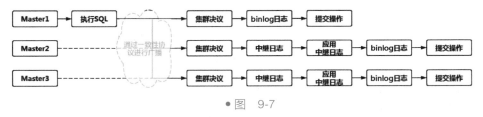

● 图 9-7

MGR 组复制通过确保集群中大部分节点能够收到 binlog 日志，从而解决了传统的异步复制和半同步复制数据不，一致的问题。同时，MGR 在多主模式下，支持集群中的所有节点都可以写入数据。这种多点写入机制能够确保系统发生故障时依然可用。

但是值得注意的是，MGR 复制组在使用过程中存在以下的限制和不足。

- 仅支持 InnoDB 表，并且每张表一定要有一个主键。
- 必须打开 GTID 特性，二进制日志格式必须设置为 ROW。
- 事务提交可能会失败。
- 目前一个 MGR 集群最多支持 9 个数据库实例的节点。
- 不支持外键与事务。
- 无法做全局间的约束检测与部分回滚。
- 使用 binlog 时不支持校验和。

9.5.2　【实战】部署基于 MGR 的 MySQL 高可用架构

在了解了 MGR 复制组的相关内容后，下面通过具体的示例来演示如何部署 3 个节点的 MGR 复制组集群。

1）在所有节点上编辑"/etc/hosts"文件，增加 IP 地址和主机名的映射。

```
192.168.79.11 mysql11
192.168.79.12 mysql12
192.168.79.13 mysql13
```

2）停止所有节点上的 MySQL 数据库服务。

```
systemctl stop mysqld
```

3）修改 mysql11、mysql12 和 mysql13 上的"/etc/my.cnf"文件。以 mysql11 为例，增加下面的内容。

```
server-id = 1
transaction_write_set_extraction=XXHASH64
loose-group_replication_group_name="325a2bde-9c2e-11ec-8269-000c298c28d2"
loose-group_replication_start_on_boot=OFF
loose-group_replication_local_address="192.168.79.11:33061"
loose-group_replication_group_seeds="192.168.79.11:33061,192.168.79.12:33061,
192.168.79.13:33061"
loose-group_replication_bootstrap_group=OFF
loose-group_replication_single_primary_mode=OFF
gtid_mode=ON
enforce_gtid_consistency=ON
master_info_repository=TABLE
relay_log_info_repository=TABLE
binlog_checksum=NONE
log_slave_updates=ON
log_bin=binlog
binlog_format=ROW
```

> ·💡 提示 ·
>
> 3 个节点除了 server_id 和 loose-group_replication_local_address 参数不一样外，其他保持一致。MGR 参数使用的 loose-前缀是表示 MySQL 数据库实例启用时，尚未加载 MGR 插件也将继续启动。

表 9-3 列出了 MGR 相关参数的含义。

表 9-3

参 数	参 数 含 义
transaction_write_set_extraction	指定哈希运算进行组复制 MGR 的冲突检测处理
replication_group_name	指定复制组 MGR 的 UUID
replication_start_on_boot	设置数据库实例启动时是否自动启动组复制
replication_local_address	指定成员的 IP 地址和端口
replication_group_seeds	指定复制组中所有成员的信息
replication_bootstrap_group	指定是否开启复制组 MGF 的自动引导
replication_single_primary_mode	指定复制组为单主模式还是多主模式，OFF 表示多主模式

4）重启各节点的 MySQL 数据库服务。

```
systemctl start mysqld
```

5）在所有节点上登录 MySQL，安装 MGR 插件。

```
mysql> install plugin group_replication soname 'group_replication.so';
```

6）在所有节点上创建 MGR 账号。

```
mysql> create user 'mgrowner'@'%' identified by 'Welcome_1';
mysql> grant replication slave on *.* to 'mgrowner'@'%';
mysql> flush privileges;
mysql> change master to master_user='mgrowner',master_password='Welcome_1'
    for channel 'group_replication_recovery';
```

7）在 mysql11 上启用 MGR 单主模式。

```
mysql> set global group_replication_single_primary_mode=on;
mysql> set global group_replication_bootstrap_group=ON;
mysql> start group_replication;
mysql> set global group_replication_bootstrap_group=OFF;
```

8）在 mysql12 和 mysql13 上启用复制组 MGR。

```
mysql> set global group_replication_single_primary_mode=on;
mysql> start group_replication;
```

⚫ 提示 ⚫

如果出现下面的错误：

```
ERROR 3092 (HY000): The server is not configured properly to be an active member of
the group. Please see more details on error log.
```

通过查看 error.log 文件，获取错误的详细信息，如下：

```
[ERROR] [MY-011526] [Repl] Plugin group_replication reported: 'This member has more
executed transactions than those present in the group. Local transactions:
ec22eb4e-9c61-11ec-ad33-000c29a68c52:1-3
    > Group transactions: 325a2bde-9c2e-11ec-8269-000c298c28d2:1,
    e7bea79e-9c64-11ec-a4e1-000c298c28d2:1-3'
```

解决方案：在所有节点上执行下面的命令，并重启复制组 MGR。

```
mysql> reset master;
```

9）在 mysql11 上查看复制组 MGR 的信息。

```
mysql> select *  from performance_schema.replication_group_members;
```

输出的信息如图 9-8 所示。

MEMBER_HOST	MEMBER_PORT	MEMBER_STATE	MEMBER_ROLE	MEMBER_VERSION
mysql11	3306	ONLINE	PRIMARY	8.0.20
mysql12	3306	ONLINE	SECONDARY	8.0.20
mysql13	3306	ONLINE	SECONDARY	8.0.20

●图 9-8

 提示

此时，mysql11 的角色是 "PRIMARY"，而 mysql12 和 mysql13 的角色都是 "SECONDARY"。

10）查看 mysql11、mysql12 和 mysql13 上的读写模式。

```
mysql> show variables like '% read_on% ';
```

输出的信息如图 9-9 所示。

mysql11

Variable_name	Value
innodb_read_only	OFF
read_only	OFF
super_read_only	OFF
transaction_read_only	OFF

mysql12

Variable_name	Value
innodb_read_only	OFF
read_only	ON
super_read_only	ON
transaction_read_only	OFF

mysql13

Variable_name	Value
innodb_read_only	OFF
read_only	ON
super_read_only	ON
transaction_read_only	OFF

●图 9-9

 提示

此时数据只能在 mysql11 上写入，mysql12 和 mysql13 是只读的状态。

11）在 mysql11 上插入数据。

```
mysql> create database mgrdemo;
mysql> use mgrdemo;
mysql> create table testmgr(tid int primary key,tname varchar(10));
mysql> insert into testmgr values(1,'Test MGR');
```

提示

复制组 MGR 要求每张表必须要有主键。

12）在 mysql12 和 mysql13 上检查数据是否同步。

13）停止 mysql11 上的 MySQL 数据库服务，以模拟 MGR 的主库宕机。

```
systemctl stop mysqld
```

14）在 mysql12 或者 mysql13 上查看复制组的状态。

```
mysql> select *  from performance_schema.replication_group_members;
```

输出的信息如图 9-10 所示。

```
+-------------+-------------+--------------+-------------+----------------+
| MEMBER_HOST | MEMBER_PORT | MEMBER_STATE | MEMBER_ROLE | MEMBER_VERSION |
+-------------+-------------+--------------+-------------+----------------+
| mysql12     |        3306 | ONLINE       | PRIMARY     | 8.0.20         |
| mysql13     |        3306 | ONLINE       | SECONDARY   | 8.0.20         |
+-------------+-------------+--------------+-------------+----------------+
```

● 图 9-10

提示

此时 mysql12 成为新的主库。如果重新启动 mysql11 上的 MySQL 数据库服务，并执行下面的语句将其加入复制组 MGR 中。此时 mysql11 就只能是"SECONDARY"的角色，输出结果如图 9-11所示。

```
mysql> set global group_replication_single_primary_mode=on;
   mysql> start group_replication;
```

```
+-------------+-------------+--------------+-------------+----------------+
| MEMBER_HOST | MEMBER_PORT | MEMBER_STATE | MEMBER_ROLE | MEMBER_VERSION |
+-------------+-------------+--------------+-------------+----------------+
| mysql11     |        3306 | ONLINE       | SECONDARY   | 8.0.20         |
| mysql12     |        3306 | ONLINE       | PRIMARY     | 8.0.20         |
| mysql13     |        3306 | ONLINE       | SECONDARY   | 8.0.20         |
+-------------+-------------+--------------+-------------+----------------+
```

● 图 9-11

15）设置复制组 MGR 的多主模式。

```
#所有节点停止组复制
mysql> stop group_replication;
mysql> set global group_replication_single_primary_mode=OFF;
mysql> set global group_replication_enforce_update_everywhere_checks=ON;
```

```
#在任意节点执行
mysql> set global group_replication_bootstrap_group=ON;
mysql> start group_replication;
mysql> set global group_replication_bootstrap_group=OFF;

#在其他节点执行
mysql> start group_replication;
```

16）在任意节点上查看复制组 MGR 的信息。

```
mysql> select * from performance_schema.replication_group_members;
```

输出的信息如图 9-12 所示。

```
+-------------+-------------+--------------+-------------+----------------+
| MEMBER_HOST | MEMBER_PORT | MEMBER_STATE | MEMBER_ROLE | MEMBER_VERSION |
+-------------+-------------+--------------+-------------+----------------+
| mysql13     |        3306 | ONLINE       | PRIMARY     | 8.0.20         |
| mysql11     |        3306 | ONLINE       | PRIMARY     | 8.0.20         |
| mysql12     |        3306 | ONLINE       | PRIMARY     | 8.0.20         |
+-------------+-------------+--------------+-------------+----------------+
```

● 图 9-12

提示

在多主模式下，所有节点均可读可写。

第 10 章　MySQL性能优化与运维管理

　　一个成熟的数据库架构并不是一开始设计时就具备高可用、高伸缩等良好的性能。随着数据库用户量和数据量的增加，需要不断地对数据库进行优化和维护，数据库的架构才能逐步完善。因此，MySQL 数据库日常的性能优化和运维管理就显得非常的重要，这也是 DBA 非常重要的一部分工作。

10.1　MySQL 性能优化概述

　　MySQL 的性能优化需要以基准测试为基础，并且主要针对查询语句进行性能分析。在分析的过程中，可以借助工具来分析 SQL 的执行计划和资源消费的情况，并最终给出 SQL 的建议指导。

10.2　MySQL 的基准测试

　　对数据库进行基准测试，以掌握数据库的性能情况是非常必要的。因此，对数据库的性能指标进行定量的、可复现的、可对比的测试就显得非常的重要。

10.2.1　MySQL 的基准测试与 sysbench

　　MySQL 的基准测试可以理解为是对数据库运行时的一种压力测试。但这样的测试不关心业务逻辑，更加简单、直接、易于测试。测试时使用的数据可以由工具生成，不要求真实。MySQL 数据库基准测试时的关键指标包括以下 3 个方面。

- TPS/QPS：衡量吞吐量。
- 响应时间：包括平均响应时间、最小响应时间、最大响应时间、时间百分比等。
- 并发量：同时处理查询请求的数量。

　　MySQL 利用 sysbench 基准测试工具可以很好地完成数据库的基准测试工作。sysbench 支持多线程的工作，并且能够实现跨平台的安装部署。

10.2.2　【实战】安装和使用 sysbench

　　下面通过具体的示例来演示如何安装 sysbench，以及它的基本使用方法。

1）sysbench 可以通过 yum 方式直接进行安装，执行下面的语句。

```
curl -s \
https://packagecloud.io/install/repositories/akopytov/sysbench/script.rpm.sh \
| bash

yum -y install sysbench
```

2）查看 sysbench 的版本信息。

```
sysbench --version
```

输出的信息如下。

```
sysbench 1.0.20
```

3）查看 sysbench 的使用帮助。

```
sysbench --help
```

输出的信息如下。

```
Usage:
sysbench [options]... [testname] [command]
```

其中：

- options：代表 sysbench 进行测试时所使用的参数，主要分为通用选项和 MySQL 专用选项。表 10-1 列出了具体的选项名称和它们的含义。

表 10-1

option 类型	参数名称	参数含义
通用选项	threads	要使用的线程数，默认值为 1
	events	最大允许的事件个数，默认值为 0
	time	最大的总执行时间，默认值 10，单位秒
	forced-shutdown	超过--time 后是否强制中断，默认值 off
	thread-stack-size	每个线程的堆栈大小，默认值 64KB
	rate	平均事务产生的速率，默认值 0，表示没有限制
	report-interval	生成报告的时间间隔，默认值 10，单位秒
	report-checkpoints	在指定的时间点，导出所有的统计信息并且重置所有的计数器
	debug	输出调试信息，默认值 off
	validate	尽可能执行验证检查，默认值 off
	help	显示帮助信息，默认值 off
	version	显示版本信息，默认值 off
	config-file	指定命令行选项的参数文件

（续）

option 类型	参数名称	参数含义
MySQL 专用选项	mysql-host	MySQL 服务器主机名，默认值 localhost
	mysql-port	MySQL 服务器端口，默认值 3306
	mysql-socket	指定 MySQL 数据库的 socket 连接文件
	mysql-user	登录 MySQL 的用户名，默认值 sbtest
	mysql-password	登录 MySQL 用户的密码
	mysql-db	指定 MySQL 数据库的名称，默认值 sbtest
	mysql-ssl	使用 ssl 连接，默认值
	mysql-ssl-cipher	指定 ssl 连接时的密码
	mysql-compression	使用压缩算法，默认值
	mysql-debug	跟踪所有的客户端调用，默认值 off
	mysql-ignore-errors	忽略指定的错误代码或者使用 all 忽略所有错误，默认值 1213、1020 和 1205
	mysql-dry-run	试运行 MySQL 所有客户端 API，但实际并不真正执行，默认值 off

- testname：指定了要进行测试的名称。
- command：代表 sysbench 要执行的命令，包括 prepare、run 和 cleanup 三个命令。
- ◆ prepare：为测试提前准备数据。
- ◆ run：执行正式的测试。
- ◆ cleanup：在测试完成后对数据库进行清理。

4）使用 sysbench 测试服务器的 CPU 性能。

```
sysbench cpu --cpu-max-prime=20000 --threads=2 run
```

> 提示
>
> 使用 sysbench 对 CPU 的测试主要是进行素数的加法运算测试，其中：
>
> --cpu-max-prime：生成素数的数量上限。
>
> --threads：启动进行素数计算的线程数。

输出的信息如下。

```
sysbench 1.0.20 (using bundled LuaJIT 2.1.0-beta2)

Running the test with following options:
#指定线程个数
Number of threads: 2
Initializing random number generator from current time
#每个线程产生的素数上限为 2 万个
```

```
Prime numbers limit: 20000

Initializing worker threads...
Threads started!

CPU speed:
    #所有线程每秒完成了 342.47 次 event
    events per second:      342.47

General statistics:
    total time:              10.0052s        #共耗时 10.0052 秒
    total number of events:  3427            #在 10.0052 秒内共完成了 3427 次 event

Latency (ms):
  min:                      2.67            #完成 1 次 event 最少耗时 2.67 毫秒
  avg:                      5.83            ##完成所有 events 平均耗时 5.83 毫秒
  max:                     26.00            ##完成 1 次 event 最大耗时 26 毫秒
  95th percentile:         13.95            ##95% 的 events 都在 13.95 毫秒内完成
  sum:                   19979.50

Threads fairness:
    #平均每完成 1713.5000 次 event,标准差是 3.50
    events (avg/stddev):        1713.5000/3.50

    #每个线程平均耗时 9.9897 秒,标准差为 0.01event
    execution time (avg/stddev): 9.9897/0.01
```

5）使用 sysbench 测试磁盘的 IOPS，执行下面的语句。

```
#准备测试数据
sysbench fileio --file-total-size=1G --file-test-mode=rndrw \
--time=30 --max-requests=0 prepare

#开始测试
sysbench fileio --file-total-size=1G --file-test-mode=rndrw \
--time=30 --max-requests=0 run

#清除测试数据
sysbench fileio --file-total-size=1G --file-test-mode=rndrw \
--time=30 --max-requests=0 cleanup
```

💡 提示

　　IOPS 是 Input/Output Per Second 的缩写，即每秒的输入输出量（或读写次数）。它是衡量磁盘性能的主要指标之一。IOPS 的计算公式如下：

```
IOPS = (Throughput read + Throughput written) * 1024 / 16kB
```

Throughput read：表示每秒的输入量。

Throughput written：表示每秒的输出量。

输出的信息如下。

```
sysbench 1.0.20 (using bundled LuaJIT 2.1.0-beta2)

Running the test with following options:
Number of threads: 1
Initializing random number generator from current time

Extra file open flags: (none)
128 files, 8MiB each
1GiB total file size
Block size 16KiB
Number of IO requests: 0
Read/Write ratio for combined random IO test: 1.50
Periodic FSYNC enabled, callingfsync() each 100 requests.
Callingfsync() at the end of test, Enabled.
Using synchronous I/O mode
Doing random r/w test
Initializing worker threads...

Threads started!

File operations:
    reads/s:                    3372.32
    writes/s:                   2248.21
    fsyncs/s:                   7195.38

Throughput:
    read, MiB/s:                52.69
    written, MiB/s:             35.13

General statistics:
    total time:                 30.0309s
    total number of events:     384769

Latency (ms):
        min:                        0.00
        avg:                        0.08
        max:                       18.82
        95th percentile:            0.31
        sum:                    29737.74
```

```
Threads fairness:
    events (avg/stddev):         384769.0000/0.00
    execution time (avg/stddev): 29.7377/0.00
```

从上面的测试数据可以计算出当前磁盘的 IOPS 为：

```
IOPS = (52.69+35.13) * 1024/16 = 5620.48
```

10.2.3　【实战】使用 sysbench 测试 MySQL 数据库

sysbench 提供了相关的 Lua 脚本，可以对数据库的性能进行测试。这些脚本可以在目录 "/usr/share/sysbench/" 下找到。下面列出了这些 Lua 的脚本。

```
tree /usr/share/sysbench/  -P * .lua
/usr/share/sysbench/
├──── bulk_insert.lua
├──── oltp_common.lua
├──── oltp_delete.lua
├──── oltp_insert.lua
├──── oltp_point_select.lua
├──── oltp_read_only.lua
├──── oltp_read_write.lua
├──── oltp_update_index.lua
├──── oltp_update_non_index.lua
├──── oltp_write_only.lua
├──── select_random_points.lua
├──── select_random_ranges.lua
└──── tests
    ├──── include
    │    ├──── inspect.lua
    │    └──── oltp_legacy
    │         ├──── bulk_insert.lua
    │         ├──── common.lua
    │         ├──── delete.lua
    │         ├──── insert.lua
    │         ├──── oltp.lua
    │         ├──── oltp_simple.lua
    │         ├──── parallel_prepare.lua
    │         ├──── select.lua
    │         ├──── select_random_points.lua
    │         ├──── select_random_ranges.lua
    │         ├──── update_index.lua
    │         └──── update_non_index.lua
    └──── t
```

下面通过具体的示例来演示如何使用 sysbench 提供的 Lua 脚本测试 MySQL 数据库。

1）创建测试数据库 sysbenchdemo。

```
mysql -hlocalhost -P3306 -uroot -pWelcome_1 \
-e 'create database sysbenchdemo'
```

2）准备测试数据。

```
sysbench /usr/share/sysbench/oltp_insert.lua  \
      --mysql-host=localhost \
      --mysql-port=3306 \
      --mysql-socket=/tmp/mysql.sock \
      --mysql-user=root \
      --mysql-password=Welcome_1 \
      --mysql-db=sysbenchdemo \
      --db-driver=mysql \
      --tables=5 \
      --table-size=100000 \
      --time=180 prepare
```

> **提示**
>
> 这里调用了 sysbench 提供的脚本 "/usr/share/sysbench/oltp_insert. lua" 创建了 5 张表，并且往每张表中插入了 100000 条记录。

输出的信息如下。

```
sysbench 1.0.20 (using bundled LuaJIT 2.1.0-beta2)

Creating table 'sbtest1'...
Inserting 100000 records into 'sbtest1'
Creating a secondary index on 'sbtest1'...
Creating table 'sbtest2'...
Inserting 100000 records into 'sbtest2'
Creating a secondary index on 'sbtest2'...
Creating table 'sbtest3'...
Inserting 100000 records into 'sbtest3'
Creating a secondary index on 'sbtest3'...
Creating table 'sbtest4'...
Inserting 100000 records into 'sbtest4'
Creating a secondary index on 'sbtest4'...
Creating table 'sbtest5'...
Inserting 100000 records into 'sbtest5'
Creating a secondary index on 'sbtest5'...
```

3）开始进行测试。

```
sysbench /usr/share/sysbench/oltp_insert.lua   \
      --mysql-host=localhost \
      --mysql-port=3306 \
      --mysql-socket=/tmp/mysql.sock \
      --mysql-user=root \
      --mysql-password=Welcome_1 \
      --mysql-db=sysbenchdemo \
      --db-driver=mysql \
      --tables=5 \
      --table-size=100000 \
      --time=180 run
```

输出的信息如下。

```
sysbench 1.0.20 (using bundled LuaJIT 2.1.0-beta2)

Running the test with following options:
Number of threads: 1
Initializing random number generator from current time

Initializing worker threads...
Threads started!

SQL statistics:
    queries performed:
        read:           0
        # 总的写次数
        write:          175062
        other:          0
        total:          175062
    # 总的事务数和每秒事务数
    transactions:       175062 (972.55 per sec.)
    queries:            175062 (972.55 per sec.)
    ignored errors:     0       (0.00 per sec.)
    reconnects:         0       (0.00 per sec.)

General statistics:
    # 总的执行时间和事件数
    total time:         180.0014s
    total number of events: 175062

# 延时的统计信息
Latency (ms):
        min:            0.62
```

```
        avg:                    1.02
        max:                   94.24
        95th percentile:        1.58
        sum:               179185.02

Threads fairness:
    events (avg/stddev):        175062.0000/0.00
    execution time (avg/stddev): 179.1850/0.00
```

4）清理测试数据。

```
sysbench /usr/share/sysbench/oltp_insert.lua \
        --mysql-host=localhost \
        --mysql-port=3306 \
        --mysql-socket=/tmp/mysql.sock \
        --mysql-user=root \
        --mysql-password=Welcome_1 \
        --mysql-db=sysbenchdemo \
        --db-driver=mysql \
        --tables=5 \
        --table-size=100000 \
        --time=180 cleanup
```

10.3　MySQL 的查询性能分析

查询优化、索引优化和表设计优化是环环相扣的，而快速的查询语句都是基于响应时间进行评估的。查询语句是一组由多个子任务组成的大任务，每一个子任务都会消耗时间。为了更好地优化查询就应当尽可能地减少子任务的数量，或者让子任务执行得更快。因此，MySQL 提供了不同的方式来帮助 DBA 对查询语句进行性能的分析。

10.3.1　【实战】使用 explain 查看 SQL 的执行计划

在 MySQL 中，通过 explain 命令获取 MySQL 如何执行查询语句的信息，包括在查询语句执行过程中表如何连接和连接的顺序。下面通过使用部门表（dept）和员工表（emp）来演示如何使用 explain 语句，以及详细介绍它的输出内容。

1）执行一条简单查询语句，并使用 explain 输出它的执行计划。

```
mysql> explain select *  from emp;
```

输出的信息如图 10-1 所示。

```
+----+-------------+-------+------------+------+---------------+
| id | select_type | table | partitions | type | possible_keys |
+----+-------------+-------+------------+------+---------------+
| 1  | SIMPLE      | emp   | NULL       | ALL  | NULL          |  ......
+----+-------------+-------+------------+------+---------------+

        +------+---------+------+------+----------+-------+
......  | key  | key_len | ref  | rows | filtered | Extra |
        +------+---------+------+------+----------+-------+
        | NULL | NULL    | NULL | 14   | 100.00   | NULL  |
        +------+---------+------+------+----------+-------+
```

● 图　10-1

下面对 SQL 执行计划中的每一列进行详细的解释。

- select_type 表示查询语句的类型，常见的取值如表 10-2 所示。

表 10-2

select_type 的取值	取值的含义
SIMPLE	简单的查询，查询中不包含子查询或者集合运算 UNION
PRIMARY	当查询中包含子查询时，外层的查询则被标记为 PRIMARY
SUBQUERY	查询中包含了子查询
DERIVED	在 from 子句中包含的子查询则被标记为 DERIVED
UNION	表示集合运算 UNION 中的第二个查询语句
UNION RESULT	表示查询语句将从集合运算 UNION 的结果集中获取数据

- table 表示输出结果集的表或者表的别名。
- partitions 表示查询语句访问到了表中的哪个分区。
- type 表示 MySQL 在表中找到所需行的访问方式或者连接类型，常见访问方式或者连接类型如表 10-3 所示。

表 10-3

type 的取值	取值的含义
system	该类型是 const 的特殊类型，表示表中只有一条数据
const	针对主键或唯一索引的等值扫描，并且只返回一行数据。const 类型的查询速度非常快，因为它仅仅读取一次即可找到数据。示例： explain select * from emp where empno = 7839
eq_ref	该类型代表唯一性索引扫描，扫描时表中只有一条记录与索引键匹配。该类型常见于主键或唯一索引扫描中
ref	在多表连接中，针对第一张表中的某条记录返回第二张表中匹配的所有行。示例： explain select * from emp，dept where emp. deptno = dept. deptno;
ref_or_null	与 ref 类型类似，但查询语句中包含了对 NULL 值的扫描
index_merge	表示查询语句使用了索引合并优化方法

（续）

type 的取值	取值的含义
unique_subquery	该类型是一个索引查找函数，用于替换 IN 子句中子查询的 ref 类型以获取更好的性能
index_subquery	该类型类似于 unique_subquery，但只适用于使用子查询中非唯一索引的情况
range	使用索引只扫描给定范围的行。示例： explain select empno from emp where empno>7839;
index	查询中只扫描了索引树，没有扫描数据文件。该类型的查询语句比 ALL 类型的快，因为索引文件通常比数据文件小。示例： explain select empno from emp;
ALL	对表进行全表扫描以获取数据，这时候说明查询语句可能需要进行优化

提示

表中的访问方式或者连接类型从上到下性能越来越差。为了使 MySQL 具有良好的性能，type 的取值应至少达到 range 级别，最好能达到 ref 级别。

- possible_keys 表示查询可能使用的索引。值得注意的是，即使索引在该字段中出现，但是并不表示查询语句在执行时会真正用到该索引。
- key 表示查询实际使用的索引。
- key_len 表示使用索引字段的长度。
- ref 表示查询语句使用索引时用到了表中的哪一列，例如下面的 SQL 执行计划。

```
mysql> explain
    select *  from emp,dept
    where emp.deptno=dept.deptno and dept.dname='SALES';
```

输出的执行计划如图 10-2 所示。

```
| id | select_type | table | partitions | type | possible_keys |
| 1  | SIMPLE      | dept  | NULL       | ALL  | PRIMARY       | ......
| 1  | SIMPLE      | emp   | NULL       | ref  | deptno        |

      | key    | key_len | ref               | rows | filtered | Extra       |
...... | NULL   | NULL    | NULL              | 4    | 25.00    | Using where |
      | deptno | 5       | scott.dept.deptno | 4    | 100.00   | NULL        |
```

● 图 10-2

- rows 表示查询语句根据表统计信息及索引选用情况，进行行扫描的数量。这个值越小越好。
- filtered 表示满足查询要求的行占整个存储引擎返回数据量的百分比。
- Extra 表示查询语句其他情况的说明和描述，包含不适合在其他列中显示但是对执行计划非常重要的额外信息。Extra 的取值主要有以下 4 种情况，如表 10-4 所示。

表 10-4

Extra 的取值	取值的含义
Using Index	表示查询在索引树中就可查找所需数据，不用扫描表数据文件。此时的查询语句性能一般都很好
Using Where	表示查询索引不能获取所需的数据，需要扫描表的数据文件进行了回表查询。因此比 "Using Index" 的性能差
Using Index Condition	MySQL 使用 ICP（Index Condition Pushdown）对索引进行了优化
Usingfilesort	MySQL 需额外排序才能完成查询，不能直接通过索引顺序达到排序效果。示例： explain select deptno,sum(sal) from emp group by deptno order by 2;

2）执行下面这条复杂一点的 SQL 语句。

```
mysql>select ename "员工姓名",sal "员工薪水",
        dname "部门名称",s.avgsal "部门平均薪水"
from   (select deptno,avg(sal) avgsal from emp group by deptno) s,
        emp,dept
where s.deptno=emp.deptno
   and emp.sal>s.avgsal
   and emp.deptno=dept.deptno;
```

提示

该语句将查询工资高于本部门平均薪水的员工信息，并输出员工姓名、员工薪水、部门名称和部门平均薪水。

输出的信息如下。

```
+-------------+-----------+-------------+---------------+
| 员工姓名    | 员工薪水  | 部门名称    | 部门平均薪水  |
+-------------+-----------+-------------+---------------+
| KING        |      5000 | ACCOUNTING  |     2916.6667 |
| JONES       |      2975 | RESEARCH    |     2175.0000 |
| SCOTT       |      3000 | RESEARCH    |     2175.0000 |
| FORD        |      3000 | RESEARCH    |     2175.0000 |
| ALLEN       |      1600 | SALES       |     1566.6667 |
| BLAKE       |      2850 | SALES       |     1566.6667 |
+-------------+-----------+-------------+---------------+
```

3）使用 explain 输出该条查询的执行计划。

```
mysql> explain
select ename "员工姓名",sal "员工薪水",
      dname "部门名称",s.avgsal "部门平均薪水"
```

```
from   (select deptno,avg(sal) avgsal from emp group by deptno) s,
          emp,dept
where s.deptno=emp.deptno
   and emp.sal>s.avgsal
   and emp.deptno=dept.deptno;
```

输出的信息如图 10-3 所示。

```
+----+-------------+-------------+------------+-------+---------------+
| id | select_type | table       | partitions | type  | possible_keys |
+----+-------------+-------------+------------+-------+---------------+
|  1 | PRIMARY     | dept        | NULL       | ALL   | PRIMARY       |
|  1 | PRIMARY     | <derived2>  | NULL       | ref   | <auto_key2>   |  ......
|  1 | PRIMARY     | emp         | NULL       | ref   | deptno        |
|  2 | DERIVED     | emp         | NULL       | index | deptno        |
+----+-------------+-------------+------------+-------+---------------+

          +-------------+---------+------------------+------+----------+-------------+
          | key         | key_len | ref              | rows | filtered | Extra       |
          +-------------+---------+------------------+------+----------+-------------+
          | NULL        | NULL    | NULL             |    4 |   100.00 | Using where |
  ......  | <auto_key2> | 5       | scott.dept.deptno|    2 |   100.00 | NULL        |
          | deptno      | 5       | scott.dept.deptno|    4 |    33.33 | Using where |
          | deptno      | 5       | NULL             |   14 |   100.00 | NULL        |
          +-------------+---------+------------------+------+----------+-------------+
```

● 图　10-3

● **提示** ●

　　MySQL 在执行 SQL 的过程中，会根据 id 列的值按前后顺序执行，原则是 id 值越大越先执行。

这里来分析一下整个查询的执行顺序和过程。
- 第 1 行，id = 1。select_type = PRIMARY 表示该查询为外层查询，并且对表进行全表扫描以获取数据。在查询时可能会用到主键，但实际情况并没使用到。
- 第 2 行，id = 1。select_type = PRIMARY 表示该查询为外层查询，table 列被标记为 derived2，表示查询结果来自一个衍生表，其中 derived2 中的 2 代表查询衍生自 id 为 2 的 select 查询。
- 第 3 行，id = 1。select_type = PRIMARY 表示该查询为外层查询，type 列被标记为 ref，表示在连接操作中使用了 scott. dept. deptno 字段进行连接。
- 第 4 行，id = 2。select_type = DERIVED 表示该查询语句被包含在了 from 子句中。

10.3.2　【实战】使用 Profile 查看 SQL 的资源消费

　　使用 explain 仅仅可以获得 SQL 的执行策略，如果需要进一步探查 SQL 的执行情况，则需要使用 Profile 来完成。Profile 是 MySQL 提供的可以用来分析当前会话中 SQL 语句执行的资源消耗情况的工具，可用于 SQL 的调优。

　　下面通过具体的示例来演示如何使用 Profile 来查看 SQL 消费资源的情况。

　　1）查看 MySQL 默认的 Profile 设置。

```
mysql> show variables like '% profiling% ';
```

输出的信息如下。

```
+----------------------------------+---------+
| Variable_name                    | Value   |
+----------------------------------+---------+
| have_profiling                   | YES     |
| profiling                        | OFF     |
| profiling_history_size           | 15      |
+----------------------------------+---------+
```

• 提示 •

默认情况下 Profile 处于关闭状态，并保存最近 15 次的运行结果。

2）启用 MySQL 的 Profile。

```
mysql> set profiling=ON;
```

3）查看 Profile 的帮助信息。

```
mysql> help show profile;
```

输出的信息如下。

```
Name: 'SHOW PROFILE'
Description:
Syntax:
SHOW PROFILE [type [, type] ... ]
    [FOR QUERY n]
    [LIMIT row_count [OFFSET offset]]

type: {
    ALL                显示所有 SQL 的资源消费信息
  | BLOCK IO            显示 I/O 块相关的资源消费信息
  | CONTEXT SWITCHES    显示上下文切换相关的资源消费信息
  | CPU                 显示 CPU 相关的资源消费信息
  | IPC                 显示发送和接收相关的资源消费信息
  | MEMORY              显示内存相关的资源消费信息
  | PAGE FAULTS         显示页面错误相关的资源消费信息
  | SOURCE              显示和 Source_function,Source_file,Source_line 相关的资源消费信息
  | SWAPS               显示交换次数相关的资源消费信息
}
```

4）执行下面的 SQL 查询。

```
mysql>select ename "员工姓名",sal "员工薪水",
       dname "部门名称",s.avgsal "部门平均薪水"
from   (select deptno,avg(sal) avgsal from emp group by deptno) s,
```

```
           emp,dept
where s.deptno=emp.deptno
   and emp.sal>s.avgsal
   and emp.deptno=dept.deptno;
```

5）查看 MySQL 的 Profile 信息。

```
mysql> show profiles \G;
```

输出的信息如下。

```
*************************** 1. row ***************************
Query_ID: 1
Duration: 0.00160000
   Query: show variables like '% profiling%'
*************************** 2. row ***************************
Query_ID: 2
Duration: 0.00086000
   Query: selectename "员工姓名",sal "员工薪水",
          dname "部门名称",s.avgsal "部门平均薪水"
from   (select deptno,avg(sal) avgsal from emp group by deptno) s,
          emp,dept
where s.deptno=emp.deptno
   and emp.sal>s.avgsal
   and emp.deptno=dept.deptno
2 rows in set, 1 warning (0.00 sec)
```

6）使用 Profile 诊断 SQL 语句，执行下面的语句。

```
mysql> show profile cpu,block io for query 2;
```

> 📖 提示
>
> 使用 Profile 诊断 SQL 语句的命令格式如下。
>
> ```
> mysql> show profile cpu,block io for query [Query_ID];
> ```

输出的信息如图 10-4 所示。

表 10-5 列举了当出现不同的 Status 时，应该从哪些方面对数据库进行诊断和优化。

表 10-5

SQL 语句执行状态（Status）	诊断优化建议
System lock	该状态通常由 MySQL 存储引擎的锁引起，建议监控 MySQL 锁的信息
Sending data	通常由数据库引擎从硬盘读取的数据量较大时引起。建议添加索引或者查询时加上 "limit" 关键字，以减少从磁盘读取时返回的数据量
Sorting result	该状态表示正在对结果进行排序，优化建议为可以创建适当的索引
Table lock	该状态为表级锁，此时应当为进一步监控锁的信息，以确定表级锁产生的原因

（续）

SQL 语句执行状态（Status）	诊断优化建议
create sort index	该状态表示查询语句需要使用临时表进行排序，优化建议为可以创建适当的索引
Creating tmp table	该状态表示正在创建临时表。由于临时表的数据存储在内存中，当数据量很大时，读写临时表时会消耗大量的内存。因此，为了优化数据库，应当进一步判断临时表产生的原因
converting HEAP toMyISAM	该状态表示查询结果太大，无法存入内存，需要把数据写到磁盘上。优化建议为可以适当增大参数"max_heap_table_size"的值
Copying to tmp table on disk	该状态表示把内存中临时表写到磁盘上，优化建议为可以适当增大参数"max_heap_table_size"的值

```
+---------------------------------+----------+----------+------------+--------------+---------------+
| Status                          | Duration | CPU_user | CPU_system | Block_ops_in | Block_ops_out |
|---------------------------------+----------+----------+------------+--------------+---------------|
| SQL语句执行状态                  | SQL每一步 | 当前用户 | 系统占用    | I/O 输入      | I/O 输出       |
|                                 | 的耗时    | 占有的CPU| 的CPU      |              |               |
+---------------------------------+----------+----------+------------+--------------+---------------+
| starting                        | 0.000200 | 0.000077 |  0.000118  |           0  |            0  |
| Executing hook on transaction   | 0.000009 | 0.000002 |  0.000003  |           0  |            0  |
| starting                        | 0.000010 | 0.000004 |  0.000006  |           0  |            0  |
| checking permissions            | 0.000005 | 0.000002 |  0.000003  |           0  |            0  |
| checking permissions            | 0.000003 | 0.000001 |  0.000002  |           0  |            0  |
| checking permissions            | 0.000005 | 0.000002 |  0.000003  |           0  |            0  |
| Opening tables                  | 0.000132 | 0.000053 |  0.000082  |           0  |            0  |
| init                            | 0.000013 | 0.000004 |  0.000006  |           0  |            0  |
| System look                     | 0.000011 | 0.000004 |  0.000006  |           0  |            0  |
| optimizing                      | 0.000005 | 0.000002 |  0.000003  |           0  |            0  |
| optimizing                      | 0.000004 | 0.000001 |  0.000002  |           0  |            0  |
| statistics                      | 0.000020 | 0.000008 |  0.000012  |           0  |            0  |
| preparing                       | 0.000029 | 0.000011 |  0.000018  |           0  |            0  |
| statistics                      | 0.000040 | 0.000016 |  0.000024  |           0  |            0  |
| preparing                       | 0.000022 | 0.000008 |  0.000013  |           0  |            0  |
| executing                       | 0.000242 | 0.000246 |  0.000000  |           0  |            0  |
| end                             | 0.000013 | 0.000009 |  0.000000  |           0  |            0  |
| query end                       | 0.000012 | 0.000012 |  0.000000  |           0  |            0  |
| waiting for handler commit      | 0.000010 | 0.000011 |  0.000000  |           0  |            0  |
| removing tmp table              | 0.000007 | 0.000007 |  0.000000  |           0  |            0  |
| waiting for handler commit      | 0.000005 | 0.000004 |  0.000000  |           0  |            0  |
| closing tables                  | 0.000011 | 0.000011 |  0.000000  |           0  |            0  |
| freeing items                   | 0.000038 | 0.000040 |  0.000000  |           0  |            0  |
| cleaning up                     | 0.000018 | 0.000016 |  0.000000  |           0  |            0  |
+---------------------------------+----------+----------+------------+--------------+---------------+
```

● 图 10-4

10.3.3 【实战】使用 SQLAdvisor 的建议指导

SQLAdvisor 是由美团点评公司 DBA 团队（北京）开发维护的 SQL 优化工具，其主要功能就是提供 SQL 索引优化建议。它解析 MySQL 原生词法，再结合查询中的条件、字段选择以及连接关系等，最终提供最优的索引优化建议。目前，SQLAdvisor 在美团点评公司内部广泛应用，并已将 SQLAdvisor 转到了 GitHub 上。

下面通过具体的示例来演示如何安装 SQLAdvisor 以及如何使用它。

1）安装 SQLAdvisor 的依赖。

```
yum install -y cmake libaio-devel libffi-devel glib2 glib2-devel
```

2）添加 Percona56 的 yum 源。

```
yum install -y \
  https://downloads.percona.com/downloads/percona-release/percona-release-0.1-3/
redhat/percona-release-0.1-3.noarch.rpm
```

3）安装 Percona-Server-shared-56。

```
yum install -y Percona-Server-shared-56
```

4）从 GitHub 上拉取最新代码。

```
git clone https://github.com/Meituan-Dianping/SQLAdvisor.git
```

5）编译 SQLAdvisor 的依赖项 sqlparser。

```
cd SQLAdvisor/

cmake -DBUILD_CONFIG=mysql_release -DCMAKE_BUILD_TYPE=debug \
-DCMAKE_INSTALL_PREFIX=/usr/local/sqlparser ./

make && make install
```

6）添加安装 SQLAdvisor 时所需要的软连接。

```
cp /usr/lib64/mysql/libmysqlclient.so.18 /usr/lib64/
cd /usr/lib64/
ln -s libmysqlclient.so.18 libperconaserverclient_r.so
```

7）安装 SQLAdvisor。

```
cd /root/SQLAdvisor/sqladvisor
cmake -DCMAKE_BUILD_TYPE=debug ./
make
```

> **提示**
>
> 安装完成后，会在当前路径下生成一个 sqladvisor 可执行文件。

8）将 SQLAdvisor 可执行文件复制到目录 "/usr/local/bin/" 下。

```
cp sqladvisor /usr/local/bin/
```

9）查看 SQLAdvisor 的帮助信息。

```
sqladvisor --help
```

输出的信息如下。

```
Usage:
  sqladvisor [OPTION...] sqladvisor

SQL Advisor Summary
Help Options:
  -?, --help              Show help options

Application Options:
  -f, --defaults-file     sqls file
  -u, --username          username
  -p, --password          password
  -P, --port              port
  -h, --host              host
  -d, --dbname            database name
  -q, --sqls              sqls
  -v, --verbose           1:output logs 0:output nothing
```

10）编辑 SQLAdvisor 的配置文件 "sqladvisor. cnf"。

```
[sqladvisor]
username=root
password=Welcome_1
host=localhost
port=3306
dbname=scott
sqls=select ename,sal,dname,s.avgsal from (select deptno,avg(sal) avgsal from emp
group by deptno) s,emp,dept where s.deptno=emp.deptno and emp.sal>s.avgsal and emp.
deptno=dept.deptno;
```

11）使用 SQLAdvisor 对 SQL 进行优化。

```
sqladvisor -f sqladvisor.cnf -v 1
```

输出的信息如下。

```
2022-03-06 13:15:02 60605 [Note] 第 1 步：对 SQL 解析优化之后得到的 SQL：

select `ename` AS `ename`,`sal` AS `sal`,
       `dname` AS `dname`,`s`.`avgsal` AS `avgsal`
from (select `deptno` AS `deptno`,avg(`sal`) AS `avgsal`
       from `scott`.`emp` group by `deptno`) `s`
join `scott`.`emp`
join `scott`.`dept`
where ((`s`.`deptno` = `emp`.`deptno`) and (`emp`.`sal` > `s`.`avgsal`)
  and (`emp`.`deptno` = `dept`.`deptno`))
```

```
2022-03-06 13:15:02 60605 [Note]第2步:开始解析join on条件:s.deptno=emp.deptno
2022-03-06 13:15:02 60605 [Note]第3步:临时表不进行处理
2022-03-06 13:15:02 60605 [Note]第4步:临时表不进行处理
2022-03-06 13:15:02 60605 [Note]第5步:开始解析join on条件:emp.sal=s.avgsal
2022-03-06 13:15:02 60605 [Note]第6步:临时表不进行处理
2022-03-06 13:15:02 60605 [Note]第7步:临时表不进行处理
2022-03-06 13:15:02 60605 [Note]第8步:开始解析join on条件:emp.deptno=dept.deptno
2022-03-06 13:15:02 60605 [Note]第9步:临时表不进行处理
2022-03-06 13:15:02 60605 [Note]第10步:临时表不进行处理
2022-03-06 13:15:02 60605 [Note]第11步:开始选择驱动表,一共有3个候选驱动表

Segmentation fault (core dumped)
```

10.4　MySQL 的运维管理

MySQL 的运维管理是一项烦琐的工作，但借助 MySQL 的工具箱可以非常方便地管理和维护 MySQL 数据库。这里将重点介绍 MySQL 的 Utilities 工具箱和 Percona Toolkit 工具箱。

10.4.1　【实战】使用 MySQL Utilities 工具箱

MySQL Utilities 是 MySQL 官方提供的一组基于 Python 语言编写的命令行实用工具集，该工具集提供了 MySQL 数据库运维工程中常用的一些工具。MySQL Utilities 提供了各种平台的软件包，也可以通过源码进行编译安装。

下面通过具体的示例来演示如何使用 MySQL Utilities。

1）从 MySQL 官方网站下载 MySQL Utilities。

```
wget \
https://cdn.mysql.com/archives/mysql-utilities/mysql-utilities-1.6.5.tar.gz
```

2）编译并安装 MySQL Utilities。

```
tar xvf mysql-utilities-1.6.5.tar.gz
cd mysql-utilities-1.6.5
python setup.py build
python setup.py install
```

3）查看 MySQL Utilities 的版本信息。

```
mysqldiff --version
```

输出的信息如下。

```
MySQL Utilitiesmysqldiff version 1.6.5
License type:GPLv2
```

下面通过具体的示例来演示 MySQL Utilities 中几个主要的命令。

4）mysqldiskusage：统计表空间和各种日志文件占用的体积。

```
mysqldiskusage \
--server=root:'Welcome_1'@ localhost:3306:/tmp/mysql.sock \
--all -v
```

输出的信息如下。

```
# Source on localhost: ... connected.
# Database totals:
+---------------------------+------------------+--------------------+------------------+
| db_name                   | data_size        | misc_files         |   total          |
+---------------------------+------------------+--------------------+------------------+
| sysbenchdemo              | 81,920           | 56                 | 376,888          |
| mysql                     | 2,637,824        | 17,540             | 17,610           |
| performance_schema        | 0                | 1,292,662          | 1,292,662        |
| sys                       | 16,384           | 28                 | 114,716          |
| demo                      | 32,768           | 37                 | 229,413          |
| testdb                    | 32,768           | 37                 | 229,413          |
| scott                     | 81,920           | 56                 | 376,888          |
+---------------------------+------------------+--------------------+------------------+

Total database disk usage = 2,260,702 bytes or 2.16 MB

# Log information.
# The general_log is turned off on the server.
# The slow_query_log is turned off on the server.
+-----------------+-----------+
| log_name        | size      |
+-----------------+-----------+
| error.log       | 5,566     |
+-----------------+-----------+
```

5）mysqlserverinfo：列出数据库的明细情况。

```
mysqlserverinfo \
--server=root:'Welcome_1'@ localhost:3306:/tmp/mysql.sock \
-d --format=vertical
```

其中：

- -d：显示各 default 的值。
- --format=vertical：表示列式显示。

6）mysqlbinlogpurge：清理过期的 binlog 文件。

```
mysqlbinlogpurge \
--server=root:'Welcome_1'@ localhost:3306:/tmp/mysql.sock
```

输出的信息如下。

```
# Purging binary logs prior to 'mysql-binlog.000005'
```

7）mysqlprocgrep：搜索出给定时间或者条件相匹配的进程，并对进程执行相应的操作。

```
#生成用于停止用户mycat空闲进程的存储过程(不含CREATE PROCEDURE)
mysqlprocgrep --match-user=mycat --kill-connection \
--match-state=sleep --sql-body
```

输出的信息如下。

```
DECLARE kill_done INT;
DECLARE kill_cursor CURSOR FOR
  SELECT
      Id, User, Host, Db, Command, Time, State, Info
    FROM
      INFORMATION_SCHEMA.PROCESSLIST
    WHERE
        USER LIKE 'mycat'
      AND
        STATE LIKE 'sleep'
OPEN kill_cursor;
BEGIN
  DECLARE id BIGINT;
  DECLARE EXIT HANDLER FOR NOT FOUND SET kill_done = 1;
  kill_loop: LOOP
      FETCH kill_cursor INTO id;
      KILL CONNECTION id;
  END LOOP kill_loop;
END;
CLOSE kill_cursor;
```

10.4.2 【实战】使用 Percona Toolkit 工具箱

Percona Toolkit 简称 PT 工具，是 Percona 公司开发用于管理 MySQL 的一组高级命令行工具的集合。使用 PT 工具可以简化烦琐的 MySQL 管理和维护任务，具体如下。

- 检查主从复制数据的一致性。
- 对 MySQL 进行有效的归档。
- 去除重复的索引。
- 分析查询语句。
- 收集数据库服务器的统计信息和重要的系统信息。

下面通过具体的示例来演示如何安装和使用 PT 工具。

1）安装所需要的依赖。

```
yum install -y perl-DBI
yum install -y perl-DBD-MySQL
yum install -y perl-Time-HiRes
yum install -y perl-IO-Socket-SSL
yum install -y perl-Digest-MD5
```

2）下载 Percona Toolkit 工具箱的安装包。

```
wget \
https://www.percona.com/downloads/percona-toolkit/3.0.13/binary/redhat/7/x86_
64/percona-toolkit-3.0.13-re85ce15-el7-x86_64-bundle.tar
```

3）解压安装包。

```
tar -xvf percona-toolkit-3.0.13-re85ce15-el7-x86_64-bundle.tar
```

4）执行安装。

```
rpm -ivh percona-toolkit-3.0.13-1.el7.x86_64.rpm
```

5）验证安装是否成功。

```
pt-duplicate-key-checker --help
```

💡 提示

如果命令提示可以正常显示，则说明 Percona Toolkit 工具箱已经正常安装和使用了。表 10-6 列出了所有的 PT 工具。

表 10-6

pt-align	pt-fk-error-logger	pt-online-schema-change	pt-stalk
pt-archiver	pt-heartbeat	pt-pmp	pt-summary
pt-config-diff	pt-index-usage	pt-query-digest	pt-table-checksum
pt-deadlock-logger	pt-ioprofile	pt-secure-collect	pt-table-sync
pt-diskstats	pt-kill	pt-show-grants	pt-table-usage
pt-duplicate-key-checker	pt-mext	pt-sift	pt-upgrade
pt-fifo-split	pt-mongodb-query-digest	pt-slave-delay	pt-variable-advisor
pt-find	pt-mongodb-summary	pt-slave-find	pt-visual-explain
pt-fingerprint	pt-mysql-summary	pt-slave-restart	

下面通过具体的示例来演示 PT 工具中几个主要的命令。

6）pt-align：常用于列格式化输出，功能单一，但是实用性极强。

```
#编辑测试数据文件 testfile1.txt,输入下面的内容
ID Name Job Age
001 Tom CLERK 20
002 Mary MANAGER 21
```

```
003 Jone PRESIDENT 23

#使用 pt-align 进行格式化输出
pt-align testfile1.txt

  ID Name Job         Age
001 Tom  CLERK        20
002 Mary MANAGER      21
003 Jone PRESIDENT    23
```

7）pt-duplicate-key-checker：从 MySQL 表中找出重复的索引和外键，并生成删除重复索引的语句。

```
pt-duplicate-key-checker --host=localhost --user=root \
--password=Welcome_1 --socket=/tmp/mysql.sock --databases=demo
```

8）pt-online-schema-change：在执行 alter 操作更改表结构的时候不用锁定表。

```
#在 scott.emp 的表中增加一个新列 summary，类型为 text
pt-online-schema-change --socket=/tmp/mysql.sock \
--user=root --password=Welcome_1 \
D=scott,t=emp --alter "add column summary text" --print --execute
```

从以下输出的信息可以看出 pt-online-schema-change 的执行过程。

```
......
Altering `scott`.`emp`...
Creating new table...
......
Created new table scott._emp_new OK.
Altering new table...
ALTER TABLE `scott`.`_emp_new` add column summary text
Altered `scott`.`_emp_new` OK.
Creating triggers...
Created triggers OK.
Copying approximately 14 rows...
Copied rows OK.
Analyzing new table...
Swapping tables...
RENAME TABLE `scott`.`emp` TO `scott`.`_emp_old`, `scott`.`_emp_new` TO `scott`.`
emp`
Swapped original and new tables OK.
Dropping old table...
DROP TABLE IF EXISTS `scott`.`_emp_old`
Dropped old table `scott`.`_emp_old` OK.
Dropping triggers...
```

```
DROP TRIGGER IF EXISTS `scott`.`pt_osc_scott_emp_del`
DROP TRIGGER IF EXISTS `scott`.`pt_osc_scott_emp_upd`
DROP TRIGGER IF EXISTS `scott`.`pt_osc_scott_emp_ins`
Dropped triggers OK.
Successfully altered `scott`.`emp`.
```

9）pt-show-grants：规范化和打印 MySQL 权限。

```
#查看指定 MySQL 实例中所有用户的权限
pt-show-grants --socket=/tmp/mysql.sock \
--user=root --password=Welcome_1
```

输出的信息如下。

```
-- Grants dumped by pt-show-grants
-- Dumped from server Localhost via UNIX socket,
-- MySQL 8.0.20 at 2022-03-12 10:36:10
-- Grants for 'myadmin'@'192.168.79.%'
......
-- Grants for 'mycat'@'%'
......
-- Grants for 'mysql.infoschema'@'localhost'
......
-- Grants for 'mysql.session'@'localhost'
......
-- Grants for 'mysql.sys'@'localhost'
......
-- Grants for 'proxysql'@'192.168.79.%'
......
-- Grants for 'repl'@'192.168.79.%'
......
-- Grants for 'root'@'%'
......
-- Grants for 'root'@'localhost'
......
```

10）pt-visual-explain：格式化显示执行计划并按照树形方式输出。

```
mysql -uroot -pWelcome_1 -e \
"explain select *  from scott.emp e,scott.dept d where e.deptno=d.deptno" \
| pt-visual-explain
```

输出的信息如下。

```
JOIN
+- Bookmark lookup
```

```
|   +- Table
|   | table         e
|   | possible_keys deptno
|   +- Index lookup
|     key           e->deptno
|     possible_keys deptno
|     key_len       5
|     ref           scott.d.deptno
|     rows          4
+- Table scan
  rows              4
  +- Table
    table           d
    possible_keys   PRIMARY
```

11）pt-mysql-summary：对 MySQL 的配置和状态信息进行汇总。

```
pt-mysql-summary --socket=/tmp/mysql.sock \
--user=root --password=Welcome_1
```

输出的信息如下。

```
#Percona Toolkit MySQL Summary Report ######################
    System time |2022-03-12 02:39:27 UTC (local TZ: CST +0800)
# Instances ##################################################
  Port  Data Directory          Nice OOM Socket
  ===== ======================== ==== === ======
  3306 /usr/local/mysql/data      0    0  /tmp/mysql.sock
# MySQL Executable ###########################################
      Path to executable |/usr/local/mysql/bin/mysqld
            Has symbols |Yes
# Slave Hosts #################################################
No slaves found
# Report On Port 3306 ########################################
                User| root@ localhost
                Time|2022-03-12 10:39:27 (CST)
            Hostname|mysql11
             Version|8.0.20 MySQL Community Server - GPL
            Built On|Linux x86_64
             Started|2022-03-11 19:35 (up 0+15:04:24)
           Databases|8
             Datadir|/usr/local/mysql/data/
           Processes|2 connected, 2 running
         Replication|Is not a slave, has 0 slaves connected
             Pidfile|/usr/local/mysql/data/mysql.pid (exists)
......
```

12）pt-variable-advisor：分析 MySQL 的参数变量，并对可能存在的问题提出建议。

```
pt-variable-advisor --socket=/tmp/mysql.sock \
--user=root --password=Welcome_1 localhost
```

13）pt-diskstats：对 Linux 系统的交互式监控工具。

```
pt-diskstats
```

14）pt-mext：并行查看"show global status"的多个样本的信息。

```
#每隔10秒执行一次"show global status"并将结果进行合并
pt-mext -- mysqladmin ext -uroot -pWelcome_1 -i10 -c3
```

10.4.3　【实战】表的维护与修复工具

MySQL 表损坏一般是数据损坏，引起损坏的原因可能是由于磁盘损坏、系统崩溃或者 MySQL 服务器崩溃等外部原因。例如，当使用 kill -9 终止进程，导致 MySQL 进程未能正常关闭，那么就很有可能导致数据损坏。

对于不同的引擎，数据损坏修复的方式不一样，一般情况可以尝试使用 check table 和 repair table 命令修复。下面通过具体的示例来演示如何使用这两个命令进行表的修复。

1）检查整个 MySQL 数据库中是否存在表的损坏。

```
mysqlcheck -uroot -pWelcome_1 scott -c
```

输出的信息如下。

```
scott.dept                              OK
scott.emp                               OK
```

> 💡 提示
>
> 这里输出的 OK 表示该表不存在数据的损坏。

2）如果存在表的损坏，可以通过下面的语句进行修复。

```
mysqlcheck -uroot -pWelcome_1 scott -r
```

输出的信息如下。

```
scott.dept
note    : The storage engine for the table doesn't support repair
scott.emp
note    : The storage engine for the table doesn't support repair
```

> 💡 提示
>
> 上述输出信息表示：由于部门表（dept）和员工表（emp）使用的是 InnoDB 存储引擎，该存储引擎不支持 repair table 的修复操作。

3）登录 MySQL 数据库创建一张 MyISAM 存储引擎的表。

```
mysql> create table testrepair
    (tid int,tname varchar(20),money int)
    engine=myisam;
```

（4）检查该表是否存在损坏。

```
mysql> check table testrepair;
```

输出的信息如下。

```
+----------------------------+----------+--------------+---------------+
| Table                      | Op       | Msg_type     | Msg_text      |
+----------------------------+----------+--------------+---------------+
| scott.testrepair           | check    | status       | OK            |
+----------------------------+----------+--------------+---------------+
```

5）如果存在表的损坏，可以通过下面的语句进行修复。

```
mysql> repair table testrepair;
```

输出的信息如下。

```
+----------------------------+----------+--------------+---------------+
| Table                      | Op       | Msg_type     | Msg_text      |
+----------------------------+----------+--------------+---------------+
| scott.testrepair| repair| status       | OK            |
+----------------------------+----------+--------------+---------------+
```

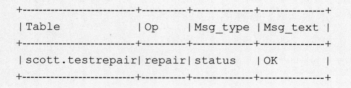

提示

针对 MyISAM 的表，也可以使用命令工具 myisamchk 来获得有关数据库表的信息，并且进行表的检查和修复。

第 11 章　MySQL 数据库的监控

随着 MySQL 数据库中存储数据逐渐增多，对 MySQL 数据库的监控预警也就变得越来越重要。"工欲善其事，必先利其器"，MySQL 支持多种工具来监控 MySQL 数据库的各种指标。这些工具在实际生产中为更好地使用 MySQL 数据库提供了很好的解决方案。

11.1　MySQL 数据库监控基础

通过对 MySQL 数据库的监控，可以帮助 DBA 全面了解 MySQL 的运行状态、数据库响应情况、数据库表空间情况，为诊断和优化 MySQL 数据库提供支持。监控 MySQL 数据库是 DBA 日常运维工作中非常重要的一部分。

11.1.1　监控 MySQL 数据库的意义

所谓数据库监控，即监控数据采集+监控数据呈现。通过使用不同的监控工具和手段将 MySQL 数据库中的各项指标采集过来，加以分析，并最终通过可视化的图表来展现出来。监控数据库具有以下的意义：

- 实时采集状态数据：包含硬件、操作系统、网络等各维度的数据。
- 实时反馈监控状态：通过对采集的状态数据进行多维度的分析和展示，能实时体现 MySQL 的状态。
- 帮助诊断数据库的故障：通过分析故障发生时的数据库状态，能够帮助 DBA 快速定位数据库的问题。
- 指导数据库的优化：数据库监控为 DBA 进行数据库的优化提供了数据支持。
- 预知数据库的告警：通过数据库监控能够预知数据库风险，并当数据库发生告警时能够及时通知 DBA。

11.1.2　MySQL 数据库的监控指标

对 MySQL 数据库的监控指标主要可以划分成以下几个方面。

1. MySQL 的可用性指标

MySQL 可用性指标主要包括数据库是否可以通过网络连接、数据库是否可读写以及数据库当前的连接数等。下面通过几个具体的示例来演示如何监控 MySQL 可用性的相关指标。

1）使用"mysqladmin"命令监控数据库是否可以通过网络连接。

```
mysqladmin -uroot -p ping
```

输入密码后，如果数据库可以连接将返回下面的信息。

```
mysqld is alive
```

2）监控数据库的最大连接数。

```
mysql> show variables like 'max_connections';
```

输出的信息如下。

```
+---------------------------+----------+
|Variable_name              |Value |
+---------------------------+----------+
|max_connections            |151   |
+---------------------------+----------+
```

3）查看当前 MySQL 打开的连接数。

```
mysql> show global status like 'Threads_connected';
```

输出的信息如下。

```
+------------------------------+----------+
|Variable_name                 |Value |
+------------------------------+----------+
|Threads_connected             |1     |
+------------------------------+----------+
```

2. MySQL 的性能指标

MySQL 的性能监控主要包括 QPS 和 TPS 的监控、并发线程的监控、阻塞和死锁的监控、缓存命中率的监控等。表 11-1 对 MySQL 相关的性能指标进行了说明。

表 11-1

性能指标名称	性能指标说明
QPS	MySQL 每秒处理的请求数量
TPS	MySQL 每秒处理的事务数量
并发数	MySQL 实例当前并行处理的会话数量
连接数	连接到 MySQL 数据库会话的数量
缓存命中率	查询命中缓存的百分比

> **提示**
>
> QPS 是 MySQL 每秒所执行的 SQL 数量，包含 select、insert、update 和 delete 语句；而 TPS 指的是每秒所处理的事务数量，不包含 select 语句。

> 并发数并不等于连接数，并发数是指 MySQL 能够同时处理的 SQL 请求数量，并且并发数应该远远小于数据库连接数。

下面通过具体的示例来演示如何计算 QPS 和 TPS。

1）QPS 的计算公式如下。

$$QPS = \frac{第\,2\,次的\,Queries\,值 - 第\,1\,次的\,Queries\,值}{第\,2\,次的\,Uptime\_since\_flush\_status\,值 - 第\,1\,次的\,Uptime\_since\_flush\_status\,值}$$

• 💾 提示 •

Queries 是指执行语句的数量；Uptime_since_flush_status 是指最近一次 flush status 的数据库时间。从 QPS 的公式可以看出，通过计算前后两次的 Queries 值和 Uptime_since_flush_status 值，可以得到 QPS 的值。

2）获取 Queries 的值和 Uptime_since_flush_status 的值。

```
mysql> show global status like 'queries';
mysql> show global status like 'uptime_since_flush_status';
```

输出的信息如图 11-1 所示。

```
+----------------+-------+      +---------------------------+-------+
| Variable_name  | Value |      | Variable_name             | Value |
+----------------+-------+      +---------------------------+-------+
| Queries        | 96    |      | Uptime_since_flush_status | 2179  |
+----------------+-------+      +---------------------------+-------+
```

• 图　11-1

3）执行 SQL 的脚本，例如：scott. sql。

```
mysql> source /root/scott.sql
```

4）重新获取 Queries 的值和 Uptime_since_flush_status 的值。

```
mysql> show global status like 'queries';
mysql> show global status like 'uptime_since_flush_status';
```

输出的信息如图 11-2 所示。

```
+----------------+-------+      +---------------------------+-------+
| Variable_name  | Value |      | Variable_name             | Value |
+----------------+-------+      +---------------------------+-------+
| Queries        | 123   |      | Uptime_since_flush_status | 2483  |
+----------------+-------+      +---------------------------+-------+
```

• 图　11-2

5）计算 QPS 的值。

```
QPS=(123-96)/(2483-2179)=0.0888
```

6）TPS 的计算公式如下：

$$TPS = \frac{(com\_insert2 + com\_update2 + com\_delete2) - (com\_insert1 + com\_update1 + com\_delete1}{uptime\_since\_flush\_status2\_uptime\_since\_flush\_status1}$$

7）"com_insert""com_update"和"com_delete"可以通过下面的语句得到。

```
mysql> show global status like'com_insert';
mysql> show global status like'com_update';
mysql> show global status like'com_delete';
```

3. MySQL 的高可用指标与资源指标

MySQL 的高可用指标主要包括是否可以正常对外服务、阻塞的会话数、慢查询情况、主从延迟时间、主从链路是否正常，以及是否存储死锁等。

MySQL 的资源指标主要指磁盘空间、CPU 和内存的使用情况。

11.2 使用 Lepus 监控 MySQL 数据库

尽管通过使用 MySQL 的命令行语句，能够获取数据库的相关指标参数，但在实际环境中并不是很方便也不直观。MySQL 支持多种监控工具，而这其中最有名的监控工具就是 Lepus（天兔）。

11.2.1 Lepus 简介

Lepus 是一套开源的数据库监控平台，目前已经支持 MySQL、Oracle、SQLServer、MongoDB、Redis 等数据库的基本监控和告警（MySQL 已经支持复制监控、慢查询分析和定向推送等高级功能）。Lepus 无须在每台数据库服务器部署脚本或 Agent，只需要在数据库创建授权账号，即可进行远程监控，适合监控数据库服务器较多的公司和云中数据库。这将为用户大大简化监控部署流程，同时 Lepus 系统内置了丰富的性能监控指标，让用户能够在数据库宕机前发现潜在性能问题并进行处理，减少用户因为数据库问题导致的直接损失。

11.2.2 【实战】部署 Lepus 环境

Lepus 需要 LAMP 和 Python 的支持，因此在安装部署 Lepus 之前需要安装 LAMP 基础环境和 Python基础模块。

1. 安装 LAMP 基础环境

> 💡 **提示**
>
> LAMP 是 Linux+Apache+MySQL+PHP 的简称。

1）下载 xampp 套件，这里使用的是 "xampp-linux-x64-1.8.2-5-installer.run"。

```
wget \
https://master.dl.sourceforge.net/project/xampp/XAMPP% 20Linux/5.5.38/xampp-
linux-x64-5.5.38-2-installer.run --no-check-certificate
```

> **提示**
>
> xampp 是一个可靠、稳定的 LAMP 套件，目前已被诸多公司用于生产服务器的部署。

2）给 xampp 套件添加执行权限。

```
chmod +x xampp-linux-x64-5.5.38-2-installer.run
```

3）安装 xampp 套件。

```
./xampp-linux-x64-5.5.38-2-installer.run
```

安装完成后将输出下面的信息。

```
----------------------------------------------------------------
Welcome to the XAMPP Setup Wizard.

----------------------------------------------------------------
Select the components you want to install; clear the components
you do not want to install. Click Next when you are ready to continue.

XAMPP Core Files : Y (Cannot be edited)

XAMPP Developer Files [Y/n] :Y

Is the selection above correct? [Y/n]: Y

----------------------------------------------------------------
Installation Directory

XAMPP will be installed to /opt/lampp
Press [Enter] to continue :

----------------------------------------------------------------
Setup is now ready to begin installing XAMPP on your computer.

Do you want to continue? [Y/n]: Y

----------------------------------------------------------------
Please wait while Setup installs XAMPP on your computer.

  Installing
  0% _____ 50% _____ 100%
  #########################################
----------------------------------------------------------------
Setup has finished installing XAMPP on your computer.
```

4）启动测试 LAMP。

```
/opt/lampp/lampp start
```

输出的信息如下。

```
Starting XAMPP for Linux 1.8.2-5...
XAMPP: Starting Apache...ok.
XAMPP: Starting MySQL...ok.
XAMPP: StartingProFTPD...ok.
```

5）访问 xampp 欢迎页面 http：//IP 地址/dashboard/，如图 11-3 所示。

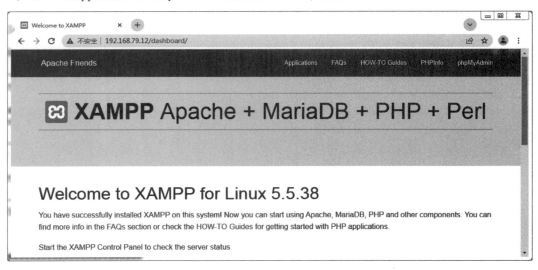

● 图 11-3

提示

默认情况下，xampp 欢迎页面只能通过 localhost 访问。启用 xampp 的远程访问，可以打开文件 "/opt/lampp/etc/extra/httpd-xampp. conf" 将 "Require local" 改为 "Require all granted"，并重启 LAMP。

6）停止 LAMP。

```
/opt/lampp/lampp stop
```

2. 安装 Python MySQLdb 模块

要想使 Python 可以操作 MySQL 数据库，就需要安装 Python MySQLdb 模块，它是 Python 操作 MySQL 必不可少的模块。

1）安装 Python MySQLdb。

```
yum -y install python-devel
yum -y install MySQL-python
```

2）验证 Python MySQLdb，输入"python"进入 Python 的命令行工具。

```
[root@ mysql11 ~]#python
Python 2.7.5 (default, Nov 16 2020, 22:23:17)
[GCC 4.8.5 20150623 (Red Hat 4.8.5-44)] on linux2
Type "help", "copyright", "credits" or "license" for more information.
>>>
```

3）输入"import MySQLdb"，如果不出现任何错误，则说明 Python MySQLdb 模块安装成功。

```
>>> import MySQLdb
>>>quit()
```

3. 安装 Lepus 采集器

Lepus 需要使用采集器来存储 Lepus 的元信息。在安装 Lepus 采集器之前，请确认已安装 LAMP 和 Python 运行的基础环境。

1）登录 Lepus 的官方网站，下载 Lepus 软件包，如图 11-4 所示。

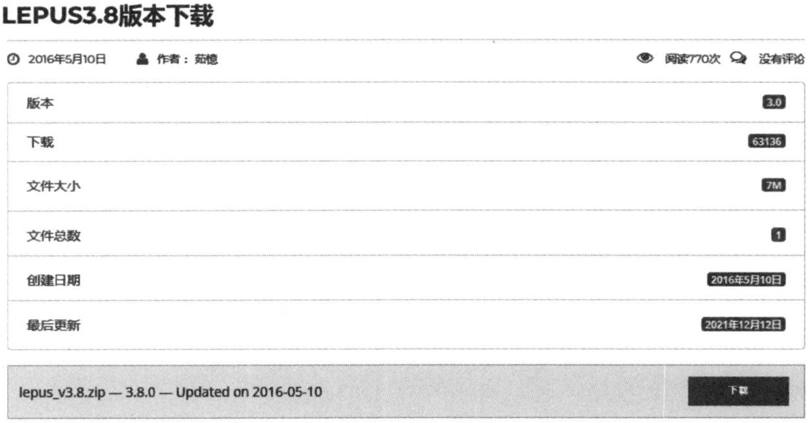

• 图　11-4

2）解压软件包。

```
unzip lepus_v3.8.zip
```

3）启动 LAMP。

```
/opt/lampp/lampp start
```

4）进入 LAMP 自带的数据库。

```
/opt/lampp/bin/mysql -uroot -p
```

提示

默认 LAMP 自带 MySQL 数据库，账号为 root，密码为空。

5）修改 root 用户密码，并创建用户 lepus。

```
mysql> grant all privileges on * .*  to 'root'@ 'localhost' identified by 'Welcome_1';
mysql> grant all privileges on * .*  to 'root'@ '%' identified by 'Welcome_1';
mysql> grant all privileges on * .*  to 'lepus'@ 'localhost' identified by 'Welcome_1';
mysql> grant all privileges on * .*  to 'lepus'@ '%' identified by 'Welcome_1';
mysql> flush privileges;
```

6）创建 Lepus 数据库。

```
mysql> create database lepus default character set utf8;
```

7）使用 Lepus 数据库执行初始化脚本。

```
mysql> use lepus;
mysql> source /root/lepus/lepus_v3.8/sql/lepus_table.sql
mysql> source /root/lepus/lepus_v3.8/sql/lepus_data.sql
```

8）安装 Lepus。

```
cd /root/lepus/lepus_v3.8/python
chmod 777 install.sh
./install.sh
```

安装完成后输出的信息如下。

```
[note]lepus will be install on basedir: /usr/local/lepus
[note] /usr/local/lepus directory does not exist,will be created.
[note] /usr/local/lepus directory created success.
[note] wait copy files.......
[note] change script permission.
[note] create links.
[note] install complete.
```

> **提示**
>
> 默认情况下，Lepus 将安装在 "/usr/local/lepus" 目录下。

9）修改 Lepus 的配置文件 "/usr/local/lepus/etc/config. ini"。

```
###被监控的 MySQL 数据库链接地址###
[monitor_server]
host="127.0.0.1"
port=3306
user="lepus"
passwd="Welcome_1"
dbname="lepus"
```

> **提示**
>
> 这里指定的是第 5）步创建的用户 lepus。

10）启动监控系统 Lepus。

```
lepus start
```

输出的信息如下。

```
lepus server start success!
```

11）查看监控系统 Lepus 的状态。

```
lepus status
```

输出的信息如下。

```
lepus server start running!
```

12）查看监控系统 Lepus 的帮助信息。

```
lepus --help
```

输出的信息如下。

```
lepus help:
support-site: www.lepus.cc
======================================================================
start      Start lepus monitor server; Command: #lepus start
stop       Stop lepus monitor server; Command: #lepus stop
status     Checklepus monitor run status; Command: #lepus status
```

4. 安装 Web 管理台

Lepus 为数据库管理员提供了基于 Web 的图形化管理工具。下面是如何部署 Lepus Web 控制台的步骤。

1）复制 Lepus 软件包中的 PHP 文件到 LAMP 的目录。

```
mkdir -p /opt/lampp/htdocs/lepus
cd /root/lepus/lepus_v3.8
cp -rf php/*  /opt/lampp/htdocs/lepus
```

2）修改目录 "/opt/lampp/htdocs/lepus" 下文件的权限。

```
cd /opt/lampp/htdocs/lepus
chmod 777 -R .
```

3）修改 "/opt/lampp/htdocs/lepus/application/config/database.php" 中连接监控服务器的数据库信息。

```
$ db['default']['hostname'] = 'localhost';
$ db['default']['username'] = 'lepus';
$ db['default']['password'] = 'Welcome_1';
$ db['default']['database'] = lepus;
$ db['default']['dbdriver'] = 'mysql';
```

4）重启 LAMP。

```
/opt/lampp/lampp restart
```

5）打开浏览器访问地址"http：//IP/lepus"，即可打开 Lepus 的登录界面，如图 11-5 所示。

• 图 11-5

📖 提示 •

Lepus 默认管理员账号/密码是：admin/Lepusadmin。

6）登录后的 Lepus 主界面，如图 11-6 所示。

• 图 11-6

11.2.3 【实战】使用 Lepus 监控 MySQL 服务器

Lepus 支持 MySQL、Oracle、MongoDB、Redis、SQLServer 等数据库的监控。这里将重点以 MySQL 为例，来介绍如何在 Lepus 里面添加数据库监控。

1）要使用 Lepus 监控 MySQL 数据库，需要在被监控数据库上创建一个具有管理权限的用户。

```
mysql> create user 'lepusmonitor'@'192.168.79.%' identified by 'Welcome_1';
mysql> grant all privileges on *.* to 'lepusmonitor'@'192.168.79.%';
mysql> flush privileges;
```

2）在 Lepus 界面上，单击左侧"配置中心"的"MySQL"选项，进入"MySQL 列表"界面，如图 11-7 所示。

● 图　11-7

3）单击"MySQL 列表"界面中的"新增"按钮，添加一个 MySQL 数据库监控实例，如图 11-8 所示。

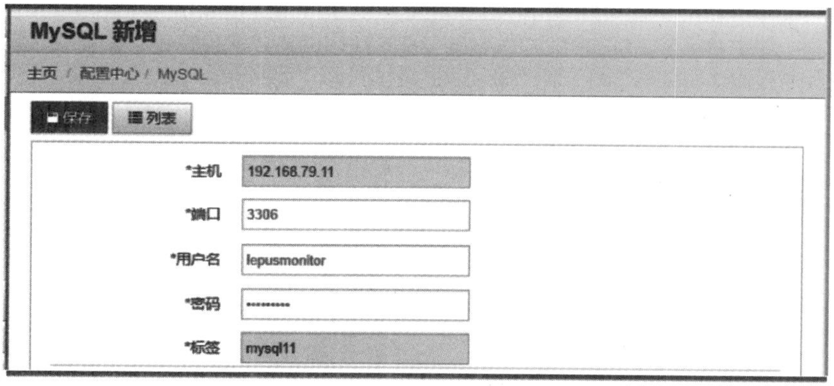

● 图　11-8

配置信息如表 11-2 所示。

表 11-2

配 置 参 数	参 数 值	参 数 说 明
主机	192.168.79.11	被监控的 MySQL 数据库实例地址
端口	3306	被监控的 MySQL 数据库端口
用户名	lepusmonitor	第 1）步中创建的用户
密码	Welcome_1	用户的密码
标签	mysql11	被监控的 MySQL 数据库实例标签

4）打开所有的监控开关，如图 11-9 所示。

● 图　11-9

5）在"MySQL 新增"界面上单击"保存"按钮。

6）在"MySQL 列表"界面上就可以看到配置好的 MySQL 数据库监控实例，如图 11-10 所示。

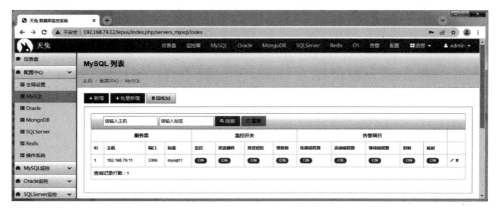

● 图　11-10

7）单击左侧的"MySQL 监控"选项，在其下拉列表选择"健康监控"选项。此时被监控数据库实例上的健康信息将以图表的形式展示出来，如图 11-11 所示。

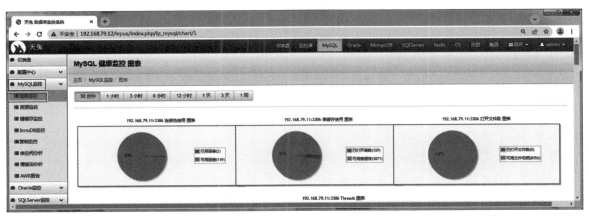

● 图 11-11

11.2.4 【实战】使用 Lepus 分析慢查询语句

在 2.1.2 小节中介绍了慢查询日志的相关知识。通过 MySQL 提供的慢查询日志，DBA 人员可以使用 mysqldumpslow 工具查看慢查询日志，从而优化所有有问题的 SQL 语句。Lepus 提供了一个示例脚本以演示使用 Lepus 监控 MySQL 数据库实例中的慢查询。

> 💡 提示
>
> 示例脚本位于"lepus_v3.8/python/client/mysql/lepus_slowquery.sh"文件中。

下面通过具体的步骤来演示如何使用 Lepus 分析 MySQL 数据库实例中的慢查询日志。

1）在被监控 MySQL 数据库实例的主机上安装 percona-toolkit。

```
yum install -y \
https://repo.percona.com/yum/percona-release-latest.noarch.rpm

yum install -y percona-toolkit
```

2）将脚本"lepus_slowquery.sh"复制到被监控主机上。

```
scp -r lepus_v3.8/python/client/mysql/lepus_slowquery.sh \
root@ 192.168.79.11:/root
```

3）在被监控主机上，给脚本"lepus_slowquery.sh"添加执行权限。

```
chmod +x lepus_slowquery.sh
```

4）修改脚本"lepus_slowquery.sh"的配置，如下所示：

```
#config lepus database server
#配置 Lepus 监控服务器的地址信息
lepus_db_host="192.168.79.12"
lepus_db_port=3306
lepus_db_user="lepus"
lepus_db_password="Welcome_1"
lepus_db_database="lepus"

#config mysql server
#配置被监控的 MySQL 数据库实例服务器的地址信息
mysql_client="/usr/local/mysql/bin/mysql"
mysql_host="127.0.0.1"
mysql_port=3306
mysql_user="root"
mysql_password="Welcome_1"

#config slowqury
#配置慢查询日志存放目录和慢查询时间
slowquery_dir="/root/slowlog/"
slowquery_long_time=1
......
```

📖 提示

编辑完脚本后,需要将当前脚本文件的格式设置为 unix,否则无法执行脚本。在 vi 编辑器中执行下面的命令即可。

```
set fileformat=unix
```

5)创建慢查询存放目录。

```
mkdir -p /root/slowlog/
```

6)编辑文件"/etc/crontab",配置定时任务执行脚本,每隔 3 分钟采集一次慢查询日志信息。

```
* /3 * * * * sh /root/lepus_slowquery.sh > /dev/null 2>&1
```

7)生效定时任务。

```
crontab /etc/crontab
```

8)查看配置好的定时任务。

```
crontab -l
```

输出信息如下。

```
SHELL=/bin/bash
PATH=/sbin:/bin:/usr/sbin:/usr/bin
MAILTO=root

# For details see man 4crontabs

# Example of job definition:
# .---------------- minute (0 - 59)
# |  .------------- hour (0 - 23)
# |  |  .---------- day of month (1 - 31)
# |  |  |  .------- month (1 - 12) ORjan,feb,mar,apr ...
# |  |  |  |  .---- day of week (0 - 6) (Sunday=0 or 7) ORsun,mon,tue,wed,thu,fri,sat
# |  |  |  |  |
# *  *  *  *  * user-name   command to be executed

* /3 * * * * sh /root/lepus_slowquery.sh > /dev/null 2>&1
```

9）在被监控的 MySQL 数据库实例上手动触发几个慢查询。

```
mysql> select sleep(3);
mysql> select sleep(5);
mysql> select sleep(5),ename from emp;
```

10）在 Lepus 的主页上单击 "MySQL 监控" 中的 "慢查询分析" 选项。这时候就可以看到当前被监控的数据库实例中所有的慢查询语句，如图 11-12 所示。

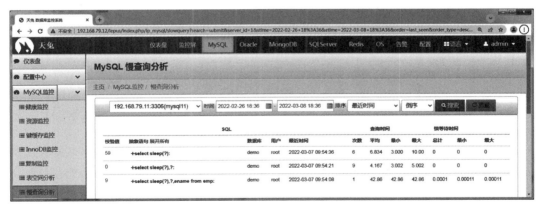

● 图 　11-12

11）单击慢查询日志前面的 "校验值"，可以进入详细界面，如图 11-13 所示。

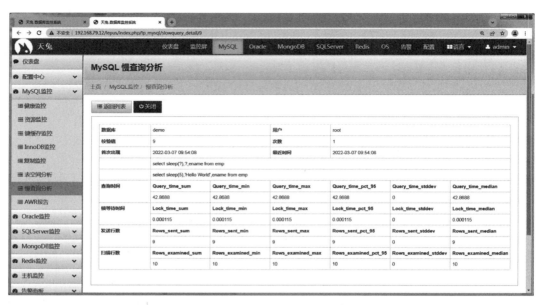

● 图　11-13

11.3　MySQL 数据库的其他监控工具

除了使用 Lepus（天兔）对 MySQL 进行监控以外，MySQL 同时还支持其他众多的监控工具，如 Zabbix、MONyog、mysql-monitor 和 Spotlight on mysql 等。这里将重点介绍 Zabbix 和 MONyog 的安装和使用。

11.3.1　使用 Zabbix 监控 MySQL

Zabbix 是一个企业级、开源的、分布式监控套件，能够监视各种网络参数，保证服务器系统的安全运营；并提供灵活的通知机制让系统管理员可以快速定位/解决存在的各种问题。在目前的生产环境中使用也相当多，已成为 Linux 运维从业人员的必学工具。

在 Zabbix 的监控系统中，通常是由 Zabbix Server 与 Zabbix Proxy 和 Zabbix Agent 一起配合实现监控。在 Zabbix Agent 内置了很多基础的监控项。这些监控项都是有关 CPU、文件系统、网络、磁盘等基础的监控项。Zabbix 提供了良好的框架为用户实现监控和报警。

1. 安装部署 Zabbix Server
下面详细说明部署 Zabbix Server 的步骤。
1）为了方便管理可以单独找一台服务器安装 Zabbix，并安装好 MySQL 数据库存储 Zabbix 的元数据。这里使用一个 MySQL 5.7 作为元数据存储的数据库。

```
yum remove mysql-libs
rpm -ivh mysql-community-common-5.7.19-1.el7.x86_64.rpm
rpm -ivh mysql-community-libs-5.7.19-1.el7.x86_64.rpm
rpm -ivh mysql-community-client-5.7.19-1.el7.x86_64.rpm
rpm -ivh mysql-community-server-5.7.19-1.el7.x86_64.rpm
rpm -ivh mysql-community-libs-compat-5.7.19-1.el7.x86_64.rpm
```

2）启动 MySQL 数据库并修改 root 用户的密码。

3）创建 Zabbix 数据库与用户。

```
mysql> create database zabbix character set utf8 collate utf8_bin;
mysql> grant all privileges on zabbix.* to 'zabbix'@'localhost' identified by 'Wel-
come_1';
mysql> grant all privileges on zabbix.* to 'zabbix'@'%' identified by 'Welcome_1';
```

4）安装配置 Zabbix 专用 yum 源。

```
rpm -Uvh \
https://repo. zabbix. com/zabbix/5. 0/rhel/7/x86 _ 64/zabbix-release-5. 0-1. el7.
noarch.rpm

yum clean all
yum makecache fast
```

5）安装 Zabbix 服务端组件。

```
yum -y install zabbix-server-mysql zabbix-web-mysql zabbix-get
```

6）安装 Zabbix 前端组件。

```
yum -y install centos-release-scl
```

7）编辑配置文件 "/etc/yum. repos. d/zabbix. repo"，将 enabled 设置为 1。

```
[zabbix-frontend]
name=Zabbix Official Repository frontend - $ basearch
baseurl=http://repo.zabbix.com/zabbix/5.0/rhel/7/$ basearch/frontend
enabled=1
gpgcheck=1
gpgkey=file:///etc/pki/rpm-gpg/RPM-GPG-KEY-ZABBIX-A14FE591
```

8）安装 Zabbix 前端页面、初始数据库、PHP 及 httpd 组件。

```
yum -y install zabbix-web-mysql-scl zabbix-apache-conf-scl
```

9）导入 Zabbix 初始数据库。

```
zcat /usr/share/doc/zabbix-server-mysql* /create.sql.gz | \
mysql -uzabbix -p'Welcome_1' zabbix
```

10）编辑文件"/etc/zabbix/zabbix_server. conf"，设置数据库连接信息。

```
DBHost=localhost
DBName=zabbix
DBUser=zabbix
DBPassword=Welcome_1
```

11）编辑配置文件"/etc/opt/rh/rh-php72/php-fpm. d/zabbix. conf"，设置时区信息。

```
php_value[date.timezone] = Asia/Shanghai
```

12）设置字体，避免前端监控图形出现中文乱码。

```
yum -y install wqy-microhei-fonts

mv /usr/share/fonts/dejavu/DejaVuSans.ttf \
/usr/share/fonts/dejavu/DejaVuSans.ttf.bak

cp -f /usr/share/fonts/wqy-microhei/wqy-microhei.ttc \
/usr/share/fonts/dejavu/DejaVuSans.ttf
```

13）启动 Zabbix 相关服务，并设置开机自启动。

```
setenforce 0
systemctl enable zabbix-server  httpd rh-php72-php-fpm
systemctl restart zabbix-server httpd rh-php72-php-fpm
```

14）打开浏览器访问地址"http：//IP/zabbix"，欢迎界面如图 11-14 所示。

● 图　11-14

15）在欢迎界面上单击"Next step"按钮，进入"先决条件检查（check of pre-requisites）"界面。再单击"Next step"按钮进入"数据库链接配置（Configure DB connection）"界面，如

图 11-15所示。

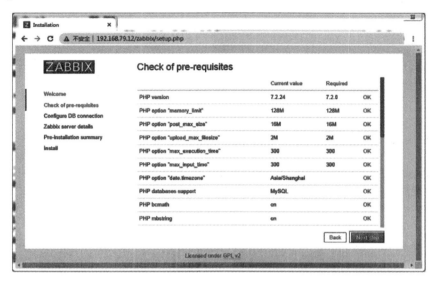

● 图　11-15

16）在"数据库链接配置"界面配置 Zabbix 元数据存储的相关信息，即在第 3）步中创建的数据库和用户信息。单击"Next step"按钮进入"Zabbix 服务器详细信息（Zabbix server details）"界面，如图 11-16 所示。

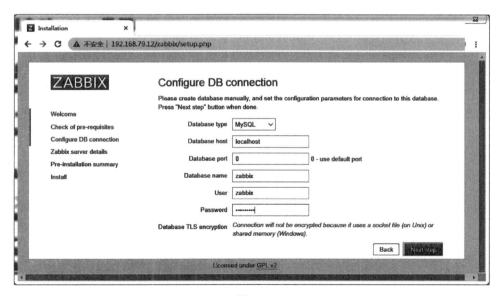

● 图　11-16

17）在"Zabbix 服务器详细信息"页面配置 Zabbix 监控系统的名称，如"MySQL 监控系统"。

单击“Next step”按钮，如图 11-17 所示。

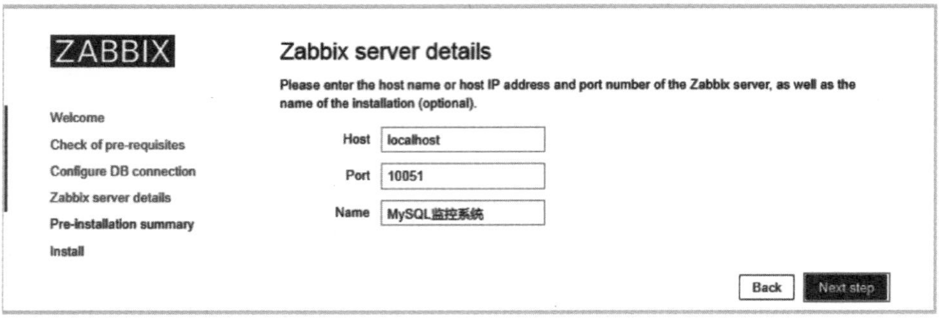

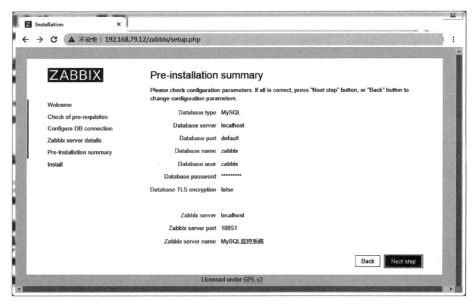

● 图 11-17

提示

图 11-17 中的 Host 和 Port 保存默认值即可。

18）在“安装前概要（Pre-installation summary）”界面单击“Next step”，如图 11-18 所示。

● 图 11-18

19）安装成功界面如图 11-19 所示，单击“Finish”按钮，完成安装。

20）在 Zabbix 登录界面输入用户名和密码，并登录 Zabbix，如图 11-20 所示。

提示

默认用户名是 Admin，密码是 zabbix

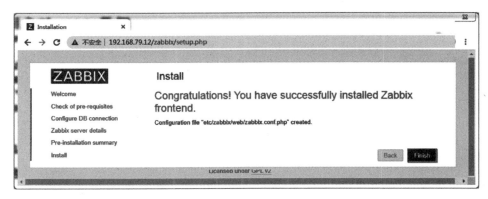

● 图　11-19

● 图　11-20

21）Zabbix Web 控制台界面如图 11-21 所示。

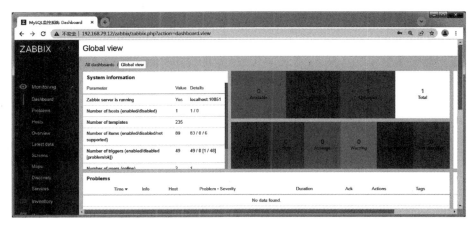

● 图　11-21

22）进入系统后默认是英文显示，也可以设置语言为中文，如图 11-22 所示。

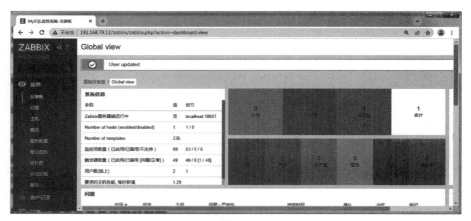

● 图 11-22

2. 使用 Zabbix 监控 MySQL

通过配置 Zabbix 自带的模版能够非常容易监控 MySQL 数据库。下面详细说明使用 Zabbix 监控 MySQL 的详细步骤。

1）在被监控的 MySQL 主机上安装配置 Zabbix 专用 yum 源。

```
rpm -Uvh \
https://repo. zabbix. com/zabbix/5. 0/rhel/7/x86 _ 64/zabbix-release-5. 0-1. el7.
noarch.rpm
yum clean all
yum makecache fast
```

2）开始安装 zabbix-proxy 和 zabbix-agent。

```
yum install -y zabbix-agent.x86_64 zabbix-sender.x86_64 zabbix-get.x86_64
```

3）在被监控的 MySQL 数据库主机上指定 Zabbix Server 的地址，编辑配置文件 "/etc/zabbix/zabbix_agentd. conf"。

```
Server=192.168.79.12
```

4）创建监控脚本文件 "/etc/zabbix/zabbix_agentd. d/userparameter_mysql. conf"，文件的内容如下。

```
#连接数
UserParameter=mysql.max_connections,echo "show variables where Variable_name ='
max_connections';" |mysql -N |awk'{print $ 2}'
UserParameter=mysql.current_connections,echo "show global status where Variable_
name ='Threads_connected';" | mysql -N |awk'{print $ 2}'
#缓冲池
UserParameter=mysql.buffer_pool_size,echo "show variables where Variable_name ='
innodb_buffer_pool_size';" |mysql -N |awk'{printf "% .2f", $ 2/1024/1024/1024}'
```

```
UserParameter=mysql.buffer_pool_usage_percent,echo "show global status where Vari-
able_name=' Innodb_buffer_pool_pages_free ' or Variable_name=' Innodb_buffer_pool_
pages_total';" |mysql -N |awk '{a[NR]=$ 2}END{printf "% .1f",100-((a[1]/a[2])* 100)}'
#增删改查
UserParameter=mysql.status[* ],echo "show global status where Variable_name='$ 1
';" |mysql -N |awk '{print $ $ 2}'
#实例状态
UserParameter=mysql.ping,mysqladmin ping |grep -c alive
UserParameter=mysql.version,mysql -V
```

5）重启 zabbix-agent 客户端。

```
systemctl restart zabbix-agent.service
```

6）登录 Zabbix Server 的 Web 控制台并添加监控主机。选择左侧"配置"选项卡中的"主机"选项，再单击"创建主机"按钮，如图 11-23 所示。

● 图　11-23

7）在"主机"选项卡界面输入下面的信息，如图 11-24 所示。

● 图　11-24

8）选择"模板"选项卡中的"Link new templates"，选择"Template DB MySQL"选项。然后单击"添加"按钮，如图 11-25 所示。

● 图 11-25

9）在"主机"界面就展示刚添加的主机信息了，其状态为"已启用"，如图 11-26 所示。

● 图 11-26

10）选择左侧"监测"选项卡中的"主机"选项，并在下端的主机列"名称"中单击"MySQL11"的"聚合图形"，如图 11-27 所示。

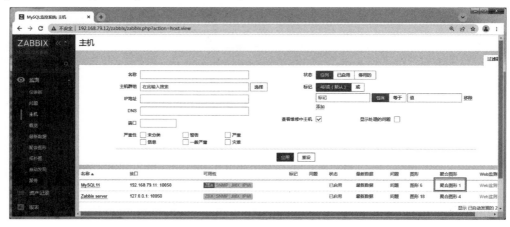

● 图 11-27

11）在 Zabbix 的 Web 界面将展示 MySQL 的监控信息，如图 11-28 所示。

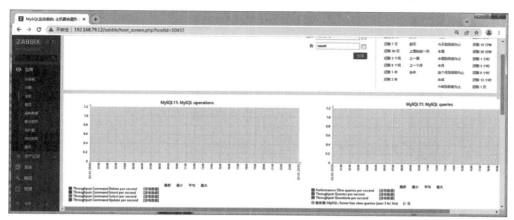

● 图　11-28

11.3.2　【实战】使用 MONyog 监控 MySQL

MONyog 是一个优秀的 MySQL 监控工具，它可以实时监测 MySQL 服务器，以及查看 MySQL 服务器的运行状态。同时 MONyog 也支持查询分析功能，能够轻松找出 MySQL 的问题所在。此外，MONyog 还可以帮助 DBA 掌握服务器的运行状态，查看在任一时间点绘制的具有详细查询信息的图表。下面通过具体的示例来演示如何使用 MONyog 监控 MySQL。

1）从 MONyog 官网上下载安装软件，直接安装在 Windows 系统上即可。

2）MONyog 的 Web 控制台默认端口是 5555，使用浏览器打开 http：//localhost：5555，即可看到 MONyog 的登录界面，如图 11-29 所示。

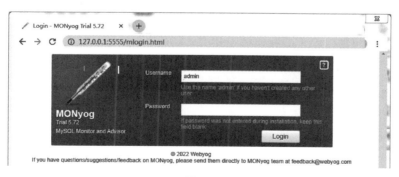

● 图　11-29

> **提示**
>
> 图 11-29 中的密码是在安装 MONyog 时指定的密码。

3）输入密码后登录 MONyog 的主界面，如图 11-30 所示。

● 图　11-30

4）输入被监控的 MySQL 数据库实例的地址信息，单击 "Test MySQL connection" 按钮。

5）连接成功后，单击右下角的 "Save all" 按钮，从保存信息。

6）单击 "Dashboard" 进入被监控数据库实例的仪表盘，如图 11-31 所示。

● 图　11-31

7）使用 MONyog 监控锁的等待，开启两个 MySQL 会话的窗口。

```
#会话1
mysql> start transaction;
mysql> update test1 set tname='Tom123' where tid=1;

#会话2
mysql> start transaction;
mysql> update test1 set tname='Tom456' where tid=1;
```

提示

这时候会话 2 的 update 操作会被会话 1 阻塞。

8）选择"Real-Time"选项卡中的"Locked queries"，并单击"Start Monitoring"按钮开始监控。MONyog 这时监控到了 MySQL 中存在锁的等待。单击"Actions"中的"Show query"可以查看到被等待的 SQL 语句，如图 11-32 所示。

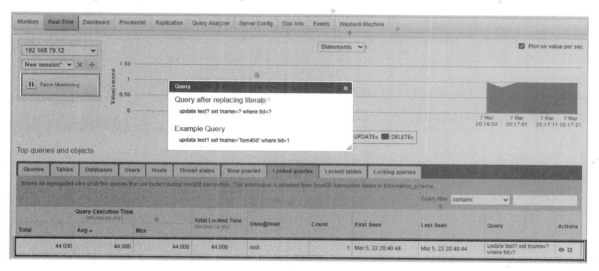

● 图　11-32

第12章 使用MySQL数据库的中间件

在实际的生产环境中，MySQL 通常需要与数据库的中间件一起使用，从而提高 MySQL 集群的性能。本章将介绍 MySQL 数据库中间件的作用以及如何在 MySQL 主从复制架构中使用它们。

12.1 MySQL 数据库中间件的定义

MySQL 数据库目前得到了广泛的应用。在使用过程中，会通过搭建 MySQL 主从复制的架构来提高性能，同时采用分库分表的模式来解决读写分离的问题。MySQL 数据库的中间件就是为了更好地使 MySQL 支持这些应用的场景。主流的 MySQL 数据库中间件有 ProxySQL、Mycat、Atlas 和 Cobar 等。

引入了数据库中间件以后，客户端就不再直接操作 MySQL 数据库集群了，而是通过数据库中间件进行操作。图 12-1 展示了引入数据库中间件后的 MySQL 主从复制架构。

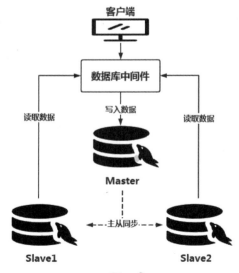

● 图　12-1

根据图 12-1 所示的 MySQL 主从复制架构，表 12-1 展示了以 4 个节点为例的数据库中间件与 MySQL 主从复制环境的配置信息。

表 12-1

IP 地址	主 机 名	角 色
192. 168. 78. 10	proxy	MySQL 数据库中间件
192. 168. 78. 11	mysql11	Master（主节点）
192. 168. 78. 12	mysql12	Slave1（从节点 1）
192. 168. 78. 13	mysql13	Slave2（从节点 2）

12. 2　使用 ProxySQL 中间件

ProxySQL 是基于 MySQL 的一款开源的中间件产品，是一个灵活的 MySQL 代理层，可以实现读写分离，支持 Query 路由功能、支持动态指定某个 SQL 进行缓存、支持动态加载，以及故障切换和 SQL 的过滤功能。本节将重点介绍 ProxySQL 的体系架构以及如何部署和使用它。

12. 2. 1　ProxySQL 简介

ProxySQL 是用 C++语言开发的，是一个轻量级的 MySQL 数据库中间件。它具备很好的性能，能够处理千亿级的数据，也能满足作为数据库中间件场景下的绝大多数功能。ProxySQL 的功能特性如下。

- 支持 MySQL 多种方式的读写分离。
- 支持多种方式的路由规则定义，从而实现数据的切片。
- 支持查询结果的缓存。
- 支持监控后端节点的多个指标，如 ProxySQL 和后端节点的心跳、后端节点的读写模式、主从复制的数据同步延迟性等。

12. 2. 2　【实战】安装部署 ProxySQL 环境

目前 ProxySQL 最新的版本是 2. 2，并且支持二进制包和 yum 的安装方式。ProxySQL 同时支持以下的操作系统。

- RedHat 或 CentOS 6/7/8。
- Amazon Linux AMI 1/2。
- Debian 8/9/10。
- Ubuntu 16/18/20。

这里将在 CentOS 7 的操作系统使用 yum 的方式安装部署 ProxySQL 2. 2。下面是具体的操作步骤。

1）添加 ProxySQL 的 yum 源。

```
cat <<EOF | tee /etc/yum.repos.d/proxysql.repo
[proxysql_repo]
name= ProxySQL YUM repository
baseurl=https://repo.proxysql.com/ProxySQL/proxysql-2.2.x/centos/7
gpgcheck=1
gpgkey=https://repo.proxysql.com/ProxySQL/repo_pub_key
EOF
```

2）安装 ProxySQL。

```
yum install -y proxysql
```

> **提示**
>
> 这一步也可以使用下面的语句进行安装。
>
> ```
> yum install -y proxysql-version
> ```
>
> 安装完成后，ProxySQL 的配置文件是/etc/proxysql.cnf。

3）查看 ProxySQL 的版本信息。

```
proxysql --version
```

输出的信息如下。

```
ProxySQL version 2.2.2-11-g0e7630d, codename Truls
```

4）启动 ProxySQL。

```
systemctl start proxysql
```

> **提示**
>
> ProxySQL 启动成功后，默认监听的管理端口是 6062。

5）登录 ProxySQL 管理端口。

```
mysql -uadmin -padmin -h127.0.0.1 -P6032
```

> **提示**
>
> 由于 ProxySQL 没有自带 mysql 的客户端程序，因此这里需要安装 MySQL 客户端。直接使用 yum 进行安装即可。
>
> ```
> yum install mysql
> ```

6）查看数据库信息。

```
mysql> show databases;
```

输出的信息如下。

```
+------+--------------------+------------------------------------------+
| seq  | name               | file                                     |
+------+--------------------+------------------------------------------+
| 0    | main               |                                          |
| 2    | disk               | /var/lib/proxysql/proxysql.db            |
| 3    | stats              |                                          |
| 4    | monitor            |                                          |
| 5    | stats_history      | /var/lib/proxysql/proxysql_stats.db      |
+------+--------------------+------------------------------------------+
```

其中每个数据库的作用如下。

- main：内存配置数据库。该数据库用于存放后端 MySQL 数据库实例、用户验证、路由规则等信息。main 数据库将这些信息存入内存中。main 数据库中主要的表有以下几张。
    - ◆ mysql_servers：后端可以连接 MySQL 服务器的列表。
    - ◆ mysql_users：配置后端数据库的账号和监控的账号。
    - ◆ mysql_query_rules：指定 Query 路由到后端不同服务器的规则列表。

> **提示**
>
> main 数据库中的表名，以 runtime_开头的表示当前 ProxySQL 正在运行的配置内容，不能通过 DML 语句修改。管理员只能修改不以 runtime_开头的表，然后使用 load 语句生效，使用 save 语句使其存到硬盘，以供下次重启加载。

- disk：持久化的磁盘配置。
- stats：统计信息的汇总。
- monitor：一些监控的收集信息，比如数据库的健康状态等。
- stats_history：这个库是 ProxySQL 收集的有关其内部功能的历史指标。

7）在 ProxySQL 中添加一个后端的 MySQL 数据库实例。

```
mysql> use main
mysql> insert into mysql_servers(hostgroup_id,hostname,port) values (1,'192.168.79.11',3306);
```

8）查询 ProxySQL 后端的 MySQL 数据库实例信息。

```
mysql> select *  from mysql_servers \G;
```

输出的信息如下。

```
*************************** 1. row ***************************
        hostgroup_id: 1
            hostname: 192.168.79.11
                port: 3306
           gtid_port: 0
              status: ONLINE
```

```
            weight: 1
       compression: 0
   max_connections: 1000
max_replication_lag: 0
           use_ssl: 0
    max_latency_ms: 0
           comment:
```

9）在 ProxySQL 中添加一个不存在的后端 MySQL 数据库实例。

```
mysql> insert into mysql_servers(hostgroup_id,hostname,port) values (2,'192.168.79.
211',3306);
```

10）查看后端 MySQL 数据库实例的心跳信息。

```
mysql> select * from monitor.mysql_server_connect_log order by time_start_us;
```

输出的信息如下。

```
*************************** 1. row ***************************
              hostname: 192.168.79.211
                  port: 3306
         time_start_us: 1646711039018368
 connect_success_time_us: 0
         connect_error: Can't connect to MySQL server on '192.168.79.211' (110)
1 row in set (0.00 sec)
```

> 🔖 **提示**
>
> 由于 "192.168.79.211" 的主机并不存在，因此在 connect_error 里展示了无法连接的错误信息。

12.2.3 【实战】配置 ProxySQL 访问后端数据库实例

在 12.2.2 小节中已经成功部署完成了 ProxySQL，并且在 ProxySQL 添加了一个后端的 MySQL 数据库实例。要想通过 ProxySQL 访问后端的数据库服务，还需要配置 ProxySQL 的路由规则和代理用户。下面通过具体的示例来进行演示。

1）在后端 MySQL 数据库实例上创建对外访问的用户。

```
mysql> create user 'proxysql'@'192.168.79.%' identified by 'Welcome_1';
mysql> grant all on *.* to 'proxysql'@'192.168.79.%';
mysql> flush privileges;
```

2）在 ProxySQL 中增加一条路由规则。

```
mysql> use main
mysql> insert into mysql_query_rules(rule_id,active,match_digest,destination_host-
group,apply)
      values (1,1,'^SELECT',1,1);
```

这条路由规则是将所有以 select 开头的语句路由到 hostgroup_id 为 1 的后端节点上。

3）在 ProxySQL 中增加一个代理的用户。

```
mysql> use main
mysql> insert into mysql_users(username,password,default_hostgroup)
values('proxysql','Welcome_1',1);
```

代理用户的名称就是第 1）步在后端 MySQL 数据库实例上创建的对外访问的用户。

4）在 ProxySQL 中查看代理用户的信息。

```
mysql> select *  from mysql_users \G;
```

输出的信息如下。

```
*************************** 1. row ***************************
              username: proxysql
              password: Welcome_1
                active: 1
               use_ssl: 0
     default_hostgroup: 1
        default_schema: NULL
         schema_locked: 0
 transaction_persistent: 1
          fast_forward: 0
               backend: 1
              frontend: 1
       max_connections: 10000
            attributes:
               comment:
```

5）将配置信息更新到 ProxySQL 的 runtime 中。

```
mysql> load mysql users to runtime;
mysql> load mysql servers to runtime;
mysql> load mysql query rules to runtime;
```

6）通过 ProxySQL 访问后端的 MySQL 数据库实例。

```
mysql -uproxysql -p -h 127.0.0.1 -P 6033
```

上条语句的 6033 是 ProxySQL 默认的客户端访问端口。

7）成功登录后，查看数据库的信息。

```
mysql> show databases;
```

输出的信息如下。

```
+--------------------+
| Database           |
+--------------------+
| demo               |
| information_schema |
| mysql              |
| performance_schema |
| sys                |
+--------------------+
```

🗒️ 提示 ●

这里的输出信息来自于后端"192.168.79.11"上部署的 MySQL 数据库实例。

8）执行一个查询语句，将返回正确的结果数据。

```
mysql> use demo
mysql> select *  from emp;
```

输出的结果数据如下。

empno	ename	job	mgr	hiredate	sal	comm	deptno
7369	SMITH	CLERK	7902	1980/12/17	800	NULL	20
7499	ALLEN	SALESMAN	7698	1981/2/20	1600	300	30
7521	WARD	SALESMAN	7698	1981/2/22	1250	500	30
7566	JONES	MANAGER	7839	1981/4/2	2975	NULL	20
7654	MARTIN	SALESMAN	7698	1981/9/28	1250	1400	30
7698	BLAKE	MANAGER	7839	1981/5/1	2850	NULL	30
7782	CLARK	MANAGER	7839	1981/6/9	2450	NULL	10
7788	SCOTT	ANALYST	7566	1987/4/19	3000	NULL	20
7839	KING	PRESIDENT	-1	1981/11/17	5000	NULL	10
7844	TURNER	SALESMAN	7698	1981/9/8	1500	NULL	30
7876	ADAMS	CLERK	7788	1987/5/23	1100	NULL	20
7900	JAMES	CLERK	7698	1981/12/3	950	NULL	30
7902	FORD	ANALYST	7566	1981/12/3	3000	NULL	20
7934	MILLER	CLERK	7782	1982/1/23	1300	NULL	10

12.2.4 【实战】使用 ProxySQL 实现读写分离

通过配置 ProxySQL 的路由规则可以非常容易地实现 MySQL 主从复制的读写分离。这里除了需要使用 main 数据库中的 mysql_servers、mysql_query_rules 和 mysql_users 表外，还需要使用 main 数据库中的 mysql_replication_hostgroups 表。下面展示该表的表结构。

```
mysql> show create table mysql_replication_hostgroups \G;
```

输出的信息如下。

```
*************************** 1. row ***************************
table: mysql_replication_hostgroups
Create Table:
CREATE TABLE mysql_replication_hostgroups (
writer_hostgroup INT CHECK (writer_hostgroup>=0) NOT NULL PRIMARY KEY,
reader_hostgroup INT NOT NULL
              CHECK (reader_hostgroup<>writer_hostgroup
                    AND reader_hostgroup>=0),
check_type VARCHAR CHECK (LOWER(check_type)
       IN('read_only','innodb_read_only',
             'super_read_only','read_only|innodb_read_only',
             'read_only&innodb_read_only')) NOT NULL DEFAULT 'read_only',
comment VARCHAR NOT NULL DEFAULT '', UNIQUE (reader_hostgroup))
```

> ── 💡 提示 ──
>
> mysql_replication_hostgroups 表中的每一行代表一对写组（writer_hostgroup）和读组（reader_hostgroup）。ProxySQL 将基于 check_type 的值（默认为 read_only）来分配后端 MySQL 数据库实例属于写组（writer_hostgroup）还是读组（reader_hostgroup）。如果发现从库的 read_only 变为 0 而主库变为 1，则认为主从关系的角色互换了。ProxySQL 将自动改写 mysql_servers 表里面的 hostgroup 关系，以达到自动失败迁移的效果。

下面将基于图 12-1 的架构，通过具体的示例来演示如何使用 ProxySQL 实现 MySQL 主从复制架构的读写分离功能。

1）根据 8.1.3 小节的内容搭建 3 个节点的 MySQL 主从复制。

2）在 12.2.2 小节的第 7）步已经将"192.168.79.11"加入了 ProxySQL 的 mysql_servers 表。这里只需要把剩下的两台后端 MySQL 主机加入即可。

```
mysql> use main
mysql> insert into mysql_servers(hostgroup_id,hostname,port) values (2,'192.168.79.
12',3306);
mysql> insert into mysql_servers(hostgroup_id,hostname,port) values (2,'192.168.79.
13',3306);
```

3）查询 mysql_servers 表中的信息。

```
mysql> mysql> select hostgroup_id,hostname,port from mysql_servers;
```

输出的信息如下。

```
+--------------------+--------------------+--------+
| hostgroup_id | hostname     | port |
+--------------------+--------------------+--------+
| 1            | 192.168.79.11| 3306 |
| 2            | 192.168.79.12| 3306 |
| 2            | 192.168.79.13| 3306 |
+--------------------+--------------------+--------+
```

> 💡 提示
>
> "192.168.79.12" 和 "192.168.79.13" 两台 MySQL 后端数据库实例的 hostgroup_id 相同，表示它们属于同一个组中的成员。

4）配置写组（writer_hostgroup）和读组（reader_hostgroup）的信息。

```
mysql> insert into mysql _ replication _ hostgroups (writer _ hostgroup, reader _ hostgroup) values(1,2)
```

> 💡 提示
>
> 这里将 hostgroup_id 为 1 的组配置成了写组，即 "192.168.79.11" 的节点负责写数据；而将 hostgroup_id 为 2 的组配置成了读组，即 "192.168.79.12" 和 "192.168.79.13" 的节点负责读数据。

5）在所有的后端 MySQL 数据库实例上创建对外访问的用户。

```
mysql> create user 'proxysql'@ '192.168.79.%' identified by 'Welcome_1';
mysql> grant all on * .*  to 'proxysql'@ '192.168.79.%';
mysql> flush privileges;
```

6）清空 ProxySQL 上已配置的路由规则。

```
mysql> delete from mysql_query_rules;
```

7）在 ProxySQL 上创建主从复制的读写分离路由规则。

```
mysql> insert into
    mysql _ query _ rules (rule _ id, active, match _ digest, destination _ hostgroup,
apply) values
    (1,1,'^SELECT.* FOR UPDATE $',1,1),
    (2,1,'^SELECT',2,1);
```

> **提示**
>
> "^SELECT. * FOR UPDATE $" 语句会产生一个写锁, 对数据查询的实时性要求较高。因此将其分配到了 hostgroup_id 为 1 的组中。而所有以 SELECT 开头的语句都被分配到了 hostgroup_id 为 2 的组中。其他没有指定路由规则的操作都将默认分配到写组中。

8）查询路由规则信息。

```
mysql> select rule_id,active,match_digest,destination_hostgroup,apply from mysql_
query_rules;
```

输出的信息如下。

```
+-----------+---------+------------------------+-----------------------+---------+
| rule_id   | active  | match_digest           | destination_hostgroup | apply   |
+-----------+---------+------------------------+-----------------------+---------+
| 1         | 1       | ^SELECT.* FOR UPDATE $ | 1                     | 1       |
| 2         | 1       | ^SELECT                | 2                     | 1       |
+-----------+---------+------------------------+-----------------------+---------+
```

9）将配置信息更新到 ProxySQL 的 runtime 中。

```
mysql> load mysql users to runtime;
mysql> load mysql servers to runtime;
mysql> load mysql query rules to runtime;
```

10）使用 proxysql 用户登录 ProxySQL 的客户端。

```
mysql -uproxysql -pWelcome_1 -h 127.0.0.1 -P 6033
```

11）执行一条简单的查询语句。

```
mysql> use demo2
mysql> select *  from test1;
```

12）通过 ProxySQL 的统计信息查看 ProxySQL 路由转发的状态。

```
mysql> select hostgroup ,count_star,sum_time,digest_text from stats_mysql_query_di-
gest limit 1;
```

输出的信息如下。

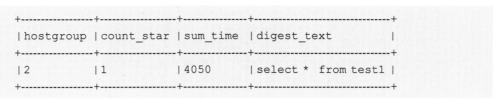

其中:

• hostgroup: 查询路由到的目标主机组。

- count_star：查询总共被执行的次数。
- sum_time：执行查询所花的总时间，单位为微秒。
- digest_text：参数化后的 SQL 语句文本。

从路由转发的状态信息可以看出，查询语句"select * from test1"被转发到了 hostgroup_id 为 2 的读组上，即"192.168.79.12"和"192.168.79.13"的节点上读数据。

13）在 ProxySQL 的客户端中再执行一些 SQL 语句。

```
mysql> select * from test1 for update;
mysql> update test1 set tid=333;
```

14）通过 ProxySQL 的统计信息查看 ProxySQL 路由转发的状态。

```
mysql> select hostgroup ,count_star,sum_time,digest_text from stats_mysql_query_di-
gest limit 3;
```

输出的信息如下。

```
+-----------------+-----------------+------------+---------------------------------------+
| hostgroup       | count_star      | sum_time   | digest_text                           |
+-----------------+-----------------+------------+---------------------------------------+
| 1               | 1               | 4964       | update test1 settid=?                 |
| 1               | 1               | 965        | select * from test1 for update        |
| 2               | 1               | 4050       | select * from test1                   |
+-----------------+-----------------+------------+---------------------------------------+
```

从路由转发的状态信息可以看出，查询语句"select * from test1 for update"和更新语句都被转发到了 hostgroup_id 为 1 的写组上，即"192.168.79.11"的节点上写数据。

15）再次查询"mysql_servers"表中的信息。

```
mysql> select hostgroup_id,hostname,port,weight from mysql_servers;
```

输出的信息如下。

```
+----------------------+----------------------+--------+-----------+
| hostgroup_id         | hostname             | port   | weight    |
+----------------------+----------------------+--------+-----------+
| 1                    | 192.168.79.11        | 3306   | 1         |
| 2                    | 192.168.79.12        | 3306   | 1         |
| 2                    | 192.168.79.13        | 3306   | 1         |
+----------------------+----------------------+--------+-----------+
```

16）更新节点"192.168.79.13"的权重为 10。

```
mysql> update mysql_servers set weight=10 where hostname='192.168.79.13';
```

17）将配置信息更新到 ProxySQL 的 runtime 中。

```
mysql> load mysql users to runtime;
mysql> load mysql servers to runtime;
mysql> load mysql query rules to runtime;
```

18）再次查询 mysql_servers 表中的信息。

```
mysql> select hostgroup_id,hostname,port,weight from mysql_servers;
```

输出的信息如下。

```
+--------------+---------------+------+--------+
| hostgroup_id | hostname      | port | weight |
+--------------+---------------+------+--------+
| 1            | 192.168.79.11 | 3306 | 1      |
| 2            | 192.168.79.12 | 3306 | 1      |
| 2            | 192.168.79.13 | 3306 | 10     |
+--------------+---------------+------+--------+
```

12.2.5　【实战】使用 ProxySQL 的查询缓存

ProxySQL 支持查询缓存的功能，可以将后端返回的结果集缓存在自己的内存中。在某查询的缓存条目被清理（例如过期）之前，前端再发起同样的查询语句，将直接从缓存中取数据并返回给前端。如此一来，ProxySQL 处理的性能会大幅提升，也会大幅减轻后端 MySQL 数据库实例的压力。

ProxySQL 的查询缓存功能由表 mysql_query_rules 中的 cache_ttl 字段控制。该字段设置每个规则对应的缓存时长，时间单位为毫秒。当客户端发送的 SQL 语句命中了某规则后，同时该规则还设置了 cache_ttl 字段的值，则这个 SQL 语句返回的结果将会被缓存一定时间。当缓存的时间结束后，ProxySQL 会通过专门的清理线程来清理缓存的数据。

下面通过一个具体的示例来演示如何使用 ProxySQL 的查询缓存功能。

1）清理 ProxySQL 已有的路由规则和路由转发的统计信息。

```
mysql> delete from mysql_query_rules;
mysql> select *  from stats_mysql_query_digest_reset where 1=0;
```

2）确定表"mysql_servers"中的信息。

```
mysql> select hostgroup_id,hostname,port,weight from mysql_servers;
```

输出的信息如下。

```
+---------------------+---------------------+--------+-----------+
| hostgroup_id | hostname        | port | weight |
+---------------------+---------------------+--------+-----------+
| 1            | 192.168.79.11   | 3306 | 1      |
| 2            | 192.168.79.12   | 3306 | 1      |
| 2            | 192.168.79.13   | 3306 | 10     |
+---------------------+---------------------+--------+-----------+
```

3）插入新的路由规则。

```
mysql> insert into mysql_query_rules
    (rule_id,active,apply,destination_hostgroup,match_pattern,cache_ttl) values
    (1,1,1,1,"^select .* demo.emp",20000);
```

> **提示**
>
> 该路由规则会将匹配规则"^select .* demo.emp"的查询语句路由到 hostgroup_id 为 1 的后端 MySQL 数据库实例上，即位于"192.168.79.11"上的 MySQL 数据库实例。

4）查看路由规则信息。

```
mysql> select rule_id,destination_hostgroup,match_pattern,cache_ttl from mysql_query_rules;
```

输出的信息如下。

```
+-------------+-----------------------------+-----------------------------+-----------------+
| rule_id | destination_hostgroup |match_pattern          |cache_ttl |
+-------------+-----------------------------+-----------------------------+-----------------+
| 1       | 1                     |^select .* demo.emp | 20000    |
+-------------+-----------------------------+-----------------------------+-----------------+
```

5）生效路由规则。

```
mysql> load mysql query rules to runtime;
mysql> save mysql query rules to disk;
```

6）在 Linux 的命令行下使用下面的脚本进行测试。

```
proc="mysql -uproxysql -pWelcome_1 -h127.0.0.1 -P6033 -e"
for ((i=0;i<10;i++));do
    $ proc "select * from demo.emp;"
done
```

7）查看路由规则的命中率。

```
mysql> select *  from stats_mysql_query_rules;
```

输出的信息如下。

```
+-------------+---------+
| rule_id | hits |
+-------------+---------+
| 1       | 10   |
+-------------+---------+
```

💡 **提示** •

　　表 stats_mysql_query_rules 中的信息说明 rule_id 为 1 的路由规则命中了 10 次。

8）查询表 stats_mysql_query_digest 获取命中率的详细信息。

```
mysql> select hostgroup,count_star,sum_time,digest_text from stats_mysql_query_digest;
```

输出的信息如下。

```
+----------------+----------------+-------------+-------------------------------------------+
| hostgroup | count_star | sum_time | digest_text                               |
+----------------+----------------+-------------+-------------------------------------------+
| -1        | 9          | 0        | select *  from demo.emp                   |
| 1         | 1          | 4851     | select *  from demo.emp                   |
| 1         | 10         | 0        | select @ @ version_commentlimit ?        |
+----------------+----------------+-------------+-------------------------------------------+
```

💡 **提示** •

　　从表 stats_mysql_query_digest 中的统计信息可以看出，只有第一次执行查询语句 "select * from demo. emp" 时，该查询语句被转发给了 hostgroup_id 为 1 的后端 MySQL 数据库实例，而后面的 9 次都没有进行转发。hostgroup_id 为 -1 表示从缓存中获取的数据。

9）通过查询表 stats_mysql_global 可以获取与查询缓存有关的状态变量。

```
mysql> select *  from stats_mysql_global where Variable_Name like '% Cache% ';
```

输出的信息如下。

```
+---------------------------------------+----------------------+
| Variable_Name                        | Variable_Value |
+---------------------------------------+----------------------+
| Stmt_Cached                          | 0              |
| Query_Cache_Memory_bytes             | 4644           |
| Query_Cache_count_GET                | 21             |
| Query_Cache_count_GET_OK             | 9              |
| Query_Cache_count_SET                | 1              |
| Query_Cache_bytes_IN                 | 1060           |
```

```
| Query_Cache_bytes_OUT        | 9540          |
| Query_Cache_Purged           | 0             |
| Query_Cache_Entries          | 1             |
+------------------------------+---------------+
```

其中各状态变量的意义如下。

- Query_Cache_Memory_bytes：查询结果集已成功缓存在内存中的总大小，不包含元数据。
- Query_Cache_count_GET：从查询缓存中取数据的请求总次数（GET requests）。
- Query_Cache_count_GET_OK：成功从缓存中 GET 到缓存的请求总次数（即命中缓存且缓存未过期）。
- Query_Cache_count_SET：缓存到查询缓存中的结果集总数（即有多少个查询的结果集进行了缓存）。
- Query_Cache_bytes_IN：写入到查询缓存的总数据量。
- Query_Cache_bytes_OUT：从查询缓存中取出的总数据量。
- Query_Cache_Purged：从缓存中移除（Purged）的缓存结果集（缓存记录）数量。
- Query_Cache_Entries：当前查询缓存中还有多少个缓存记录。

10）ProxySQL 通过变量 mysql-query_cache_size_MB 控制为查询缓存开辟多大的空间，而通过变量 mysql-threshold_resultset_size 定义 ProxySQL 能缓存的单个最大结果集大小。例如：

```
mysql> show variables like '% size%';
```

输出的信息如下。

```
+-------------------------------------------+-----------------+
| Variable_name                             | Value           |
+-------------------------------------------+-----------------+
| mysql-eventslog_filesize                  | 104857600       |
| mysql-auditlog_filesize                   | 104857600       |
| mysql-monitor_threads_queue_maxsize       | 128             |
| mysql-threshold_resultset_size            | 4194304         |
| mysql-query_cache_size_MB                 | 256             |
| mysql-stacksize                           | 1048576         |
+-------------------------------------------+-----------------+
```

12.3　使用 Mycat 中间件

Mycat 是目前最流行的基于 Java 语言编写的数据库中间件。它可以被看成是一个实现了 MySQL 协议的服务器，其核心功能是实现 MySQL 的分库分表，即将一个大表水平分割为 N 个小表，存储在后端 MySQL 数据库服务器里或者其他数据库中。同时，Mycat 还可以实现 MySQL 主从复制的读写分离。

12. 3. 1　Mycat 简介与核心对象

Mycat 是一个开源的分布式数据库系统，对于数据库用户而言可以把它看作是一个数据库代理。它的后端可以支持 MySQL、SQL Server、Oracle、DB2、PostgreSQL 等主流的关系型数据库，同时也支持 MongoDB 等 NoSQL 数据库。Mycat 的核心功能是实现数据库的分表分库。MyCat 支持标准的 SQL 语句进行数据的操作，在降低了开发难度的同时提升了开发速度。Mycat 可以通过使用 MySQL 原生协议与 MySQL 数据库服务器进行通信。并且 Mycat 基于 Java 语言开发，因此也可以用 DBC 协议与大多数主流数据库服务器通信。图 12-2 展示了引入 Mycat 中间件后的数据库架构。

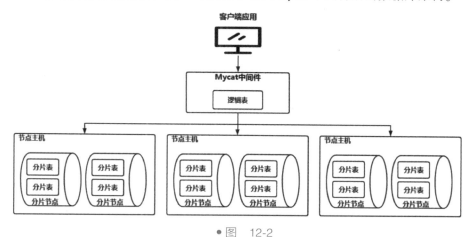

● 图　12-2

表 12-2 列举了 Mycat 中的核心对象以及它们的含义。

表 12-2

对象名称	对象含义
逻辑库	由于 Mycat 相当于数据库的代理，因此 Mycat 作为数据库中间件其本身就可以被看作是一个或多个数据库集群构成的逻辑库。开发人员只需要面对该逻辑库进行开发即可
逻辑表	逻辑库由逻辑表组成。对于分布式数据库来说，客户端操作的就是逻辑表。逻辑表的数据来源是分布在后端一个或多个物理数据库。针对不同的数据分布和管理特点，逻辑表又分为以下几种类型。 ● 分片表。 ● 非分片表。 ● ER 表。 ● 全局表
分片表	分片表是指将原有的大数据量表切分成多张表，其中的每一张表就是一个分片，其中均包含一部分数据。所有分片数据的合集构成了完整的表数据
非分片表	针对数据量小的表不需要进行分片，这些表就可以看成是非分片表。其实，非分片表是相对分片表来说的，就是那些不需要进行数据切分的表

（续）

对象名称	对象含义
ER 表	ER 与关系型数据库中的实体关系模型是类似的，它可以将具有父子关系的表及其数据存放在同一个数据分片上，即子表依赖于父表。ER 表通过表分组（Table Group）保证不会跨库操作
全局表	全局表类似数据库的数据字典。它里面的数据一般不会频繁变动，并且数据规模不大，通常数据量在十万以内
分片节点	将大数据量表进行切分后，每个表的分片所在的数据库服务器节点就是分片节点。因此，可以把一个数据库实例的服务器理解成一个分片节点
节点主机	每个分片节点（dataNode）不一定都会独占一台机器。在同一个物理主机上可以存在多个分片数据库实例。这样一个或多个分片节点（dataNode）所在的机器就是节点主机
分片规则	分片规则是指将大数据的表切分到多个数据分片的策略。分片表需要根据分片规则进行数据的切分
全局序列号	大数据量的表被切分后，原有的关系型数据库中的主键约束在分布式条件下将无法使用。为了保证数据具有唯一性的标识，从而引入全局序列号的机制

12.3.2 【实战】安装部署 Mycat

在了解了 Mycat 的基本概念与核心对象后，下面通过具体的示例来演示在 proxy 的主机上部署 Mycat 环境。目前 Mycat 最新的版本是 2.0，这里使用一个 Mycat 的稳定版本（1.6.7.5）来演示。

 提示

由于 Mycat 基于 Java 语言开发，因此在安装部署 Mycat 之前需要安装 JDK。

1）使用 jdk-8u181-linux-x64. tar. gz 版本文件安装 Java 运行环境。

```
mkdir -p /root/training
tar -zxvf jdk-8u181-linux-x64.tar.gz -C /root/training
```

2）编辑文件"/root/. bash_profile"，设置 Java 的环境变量。

```
JAVA_HOME=/root/training/jdk1.8.0_181
export JAVA_HOME

PATH=$ JAVA_HOME/bin:$ PATH
export PATH
```

3）生效环境变量。

```
source /root/.bash_profile
```

4）验证 Java 环境。

```
java -version
```

输出的信息如下。

```
java version "1.8.0_181"
Java(TM) SE Runtime Environment (build 1.8.0_181-b13)
Java HotSpot(TM) 64-Bit Server VM (build 25.181-b13, mixed mode)
```

5）下载 Mycat-server-1.6.7.5-release-20200410174409-linux.tar.gz 安装包。

```
wget \
http://dl.mycat.org.cn/1.6.7.5/2020-4-10/Mycat-server-1.6.7.5-release-20200410174409-
linux.tar.gz
```

6）将 Mycat 安装包解压到目录"/root/training"下。

```
tar -zxvf \
Mycat-server-1.6.7.5-release-20200410174409-linux.tar.gz \
-C /root/training/
```

7）编辑文件"/root/.bash_profile"，设置 Java 的环境变量。

```
export MYCAT_HOME=/root/training/mycat
export PATH=$MYCAT_HOME/bin:$JAVA_HOME/bin:$PATH
```

8）生效环境变量。

```
source /root/.bash_profile
```

9）启动 Mycat。

```
mycat start
```

10）查看 Mycat 的状态。

```
mycat status
```

输出的信息如下。

```
Mycat-server is running (89121).
```

 提示

从输出的信息可以看出，Mycat-server 已经成功运行。

12.3.3 【实战】使用 Mycat 实现分库分表

使用 Mycat 实现分库分表的核心在于配置"/root/training/mycat/conf/schema.xml"文件和"/root/training/mycat/conf/rule.xml"文件。前者用于定义 Mycat 的逻辑库、逻辑表、分片节点和节点

主机等信息；而后者主要定义分片的规则。下面通过具体的示例来演示如何基于 Mycat 实现后端 MySQL 数据库的分库与分表。

提示

这里将使用 mysql11、mysql12 和 mysql13 三台 MySQL 服务器作为 Mycat 的后端节点。

1）在 mysql11、mysql12 和 mysql13 上创建数据库 TESTDB，并在该库中创建一张员工表。

```
mysql> create database TESTDB;
mysql> use TESTDB;
mysql> create table emp
    (empno int primary key comment '员工号',
    ename varchar(10)  comment '员工姓名',
    job varchar(10) comment '员工职位',
    mgr int comment '员工老板的员工号',
    hiredate varchar(10) comment '员工的入职日期',
    sal int   comment '员工的月薪',
    comm int   comment '员工的奖金',
    deptno int comment '员工的部门号');
```

提示

这里创建的数据库 TESTDB 也是 Mycat 默认的逻辑库名称。在文件 "/root/training/mycat/conf/schema.xml" 中定义了该逻辑库的名称。相关的定义如下。

```
<schema name="TESTDB"checkSQLschema="false" sqlMaxLimit="100">
```

2）在 mysql11 的后端数据库实例上插入 10 号部门的员工数据。

```
mysql> insert into emp values
    (7782,'CLARK','MANAGER',7839,'1981/6/9',2450,null,10),
    (7839,'KING','PRESIDENT',-1,'1981/11/17',5000,null,10),
    (7934,'MILLER','CLERK',7782,'1982/1/23',1300,null,10);
```

3）在 mysql12 的后端数据库实例上插入 20 号部门的员工数据。

```
mysql> insert into emp values
    (7369,'SMITH','CLERK',7902,'1980/12/17',800,null,20),
    (7566,'JONES','MANAGER',7839,'1981/4/2',2975,null,20),
    (7788,'SCOTT','ANALYST',7566,'1987/4/19',3000,null,20),
    (7876,'ADAMS','CLERK',7788,'1987/5/23',1100,null,20),
    (7902,'FORD','ANALYST',7566,'1981/12/3',3000,null,20);
```

4）在 mysql13 的后端数据库实例上插入 30 号部门的员工数据。

```
mysql> insert into emp values
    (7499,'ALLEN','SALESMAN',7698,'1981/2/20',1600,300,30),
```

```
(7521,'WARD','SALESMAN',7698,'1981/2/22',1250,500,30),
(7654,'MARTIN','SALESMAN',7698,'1981/9/28',1250,1400,30),
(7698,'BLAKE','MANAGER',7839,'1981/5/1',2850,null,30),
(7844,'TURNER','SALESMAN',7698,'1981/9/8',1500,null,30),
(7900,'JAMES','CLERK',7698,'1981/12/3',950,null,30);
```

5）编辑文件"/root/training/mycat/conf/server.xml"的内容。

```
......
<!-- 全局 SQL 防火墙设置 -->
<!--白名单可以使用通配符% 或* -->
<!--例如<host host="127.0.0.*" user="root"/>-->
<!--例如<host host="127.0.*" user="root"/>-->
<!--例如<host host="127.*" user="root"/>-->
<!--例如<host host="1* 7.*" user="root"/>-->
<firewall>
  <whitehost>
    <host host="1* 7.0.0.*" user="root"/>
    <!--增加下面的配置对于 192.168.79.* 的主机都能以 root 账户登录-->
    <host host="192.168.79.*" user="root"/>
  </whitehost>
<blacklist check="false">
</blacklist>
</firewall>

<user name="root"defaultAccount="true">
    <!--root 账户登录的密码-->
      <property name="password">123456</property>
    <!--root 账户默认的逻辑库-->
      <property name="schemas">TESTDB</property>
      <property name="defaultSchema">TESTDB</property>
......
</user>
......
```

6）编辑文件"/root/training/mycat/conf/schema.xml"的内容，配置逻辑库的表信息与分片的信息。

```
<?xml version="1.0"?>
<!DOCTYPE mycat:schema SYSTEM "schema.dtd">
<mycat:schema xmlns:mycat="http://io.mycat/">
    <!--定义逻辑库的名称是 TESTDB-->
    <schema name="TESTDB"checkSQLschema="false" sqlMaxLimit="100">
```

```
    <! --定义一张逻辑表 emp,主键是 empno-->
    <! --逻辑表 emp 的数据分片分别位于 dn1、dn2、dn3 的分片节点上-->
    <! --逻辑表 emp 的分片路由规则采用 mod-long-->
    <table name="emp" primaryKey="empno" autoIncrement="true"
           dataNode="dn1,dn2,dn3" rule="mod-long"/>
</schema>

<! --定义分片节点,并指定该分片节点上的分片数据库-->
<dataNode name="dn1" dataHost="mysql11" database="TESTDB"/>
<dataNode name="dn2" dataHost="mysql12" database="TESTDB"/>
<dataNode name="dn3" dataHost="mysql13" database="TESTDB"/>

<! --定义节点主机-->
<dataHost name="mysql11" maxCon="1000" minCon="10" balance="0"
        writeType="0" dbType="mysql" dbDriver="native"
        switchType="1" slaveThreshold="100">
    <heartbeat>select user()</heartbeat>
    <writeHost host="mysql11" url="192.168.79.11:3306"
            user="root" password="Welcome_1">
    </writeHost>
</dataHost>

<! --定义节点主机-->
<dataHost name="mysql12" maxCon="1000" minCon="10" balance="0"
            writeType="0" dbType="mysql" dbDriver="native"
            switchType="1" slaveThreshold="100">
    <heartbeat>select user()</heartbeat>
    <writeHost host="mysql12" url="192.168.79.12:3306"
               user="root" password="Welcome_1">
    </writeHost>
</dataHost>

<! --定义节点主机-->
<dataHost name="mysql13" maxCon="1000" minCon="10" balance="0"
        writeType="0" dbType="mysql" dbDriver="native"
        switchType="1" slaveThreshold="100">
    <heartbeat>select user()</heartbeat>
    <writeHost host="mysql13" url="192.168.79.13:3306"
            user="root" password="Welcome_1">
    </writeHost>
</dataHost>
</mycat:schema>
```

7）修改文件"/root/training/mycat/conf/rule.xml"定义分片路由规则。

```
......
<tableRule name="mod-long">
  <rule>
      <!--根据员工号 empno 进行分片路由-->
      <columns>empno</columns>
      <algorithm>mod-long</algorithm>
  </rule>
</tableRule>
......
<function name="mod-long" class="io.mycat.route.function.PartitionByMod">
    <!--由于有 3 个分片节点,因此采用 3 为进制的轮询算法进行分片路由-->
    <property name="count">3</property>
</function>
......
```

8）重启 Mycat。

```
mycat restart
```

输出的信息如下。

```
StoppingMycat-server...
StoppedMycat-server.
StartingMycat-server...
```

9）借助 MySQL 的图形客户端工具"Navicat for MySQL"连接 Mycat 服务器,如图 12-3 所示。

10）连接成功后,可以看到 Mycat 中存在一个逻辑库 TESTDB 和一张逻辑表 emp,如图 12-4 所示。

● 图 12-3

● 图 12-4

11）查询逻辑表 emp 中的数据，如图 12-5 所示。

empno	ename	job	mgr	hiredate	sal	comm	deptno
7782	CLARK	MANAGER	7839	1981/6/9	2450	(Null)	10
7839	KING	PRESIDENT	-1	1981/11/17	5000	(Null)	10
7934	MILLER	CLERK	7782	1982/1/23	1300	(Null)	10
7369	SMITH	CLERK	7902	1980/12/17	800	(Null)	20
7566	JONES	MANAGER	7839	1981/4/2	2975	(Null)	20
7788	SCOTT	ANALYST	7566	1987/4/19	3000	(Null)	20
7876	ADAMS	CLERK	7788	1987/5/23	1100	(Null)	20
7902	FORD	ANALYST	7566	1981/12/3	3000	(Null)	20
7499	ALLEN	SALESMAN	7698	1981/2/20	1600	300	30
7521	WARD	SALESMAN	7698	1981/2/22	1250	500	30
7654	MARTIN	SALESMAN	7698	1981/9/28	1250	1400	30
7698	BLAKE	MANAGER	7839	1981/5/1	2850	(Null)	30
7844	TURNER	SALESMAN	7698	1981/9/8	1500	(Null)	30
7900	JAMES	CLERK	7698	1981/12/3	950	(Null)	30

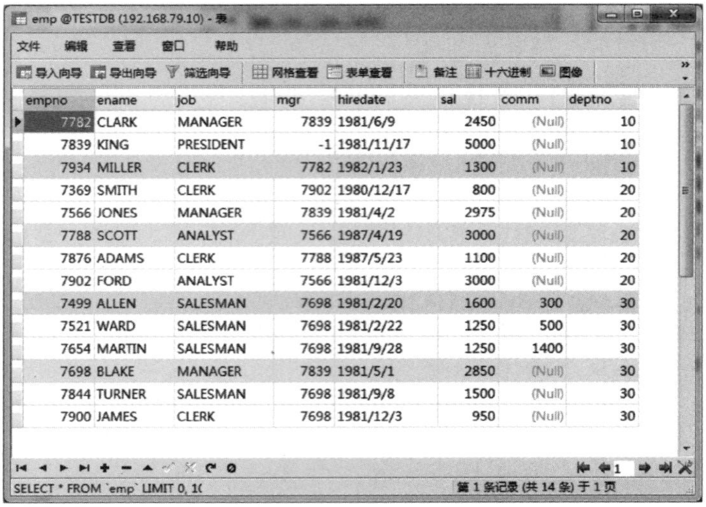

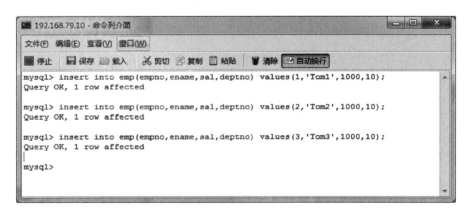

● 图 12-5

提示

这里返回的 14 条数据分别来自后端的 mysql11、mysql12 和 mysql13 上的 MySQL 数据库实例。

12）往逻辑表 emp 中插入 3 条新的数据，如图 12-6 所示。

```
mysql> insert into emp(empno,ename,sal,deptno) values(1,'Tom1',1000,10);
Query OK, 1 row affected

mysql> insert into emp(empno,ename,sal,deptno) values(2,'Tom2',1000,10);
Query OK, 1 row affected

mysql> insert into emp(empno,ename,sal,deptno) values(3,'Tom3',1000,10);
Query OK, 1 row affected

mysql>
```

● 图 12-6

13）直接在后端的 mysql11、mysql12 和 mysql13 上的 MySQL 数据库实例中查询员工表的数据。这时候会发现新插入的 3 条数据被存储在不同的节点上，如图 12-7 所示。

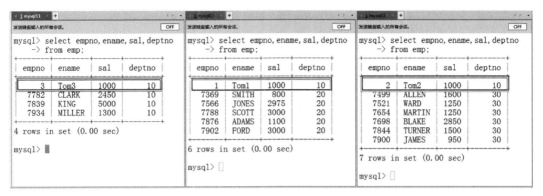

● 图　12-7

12.3.4　【实战】使用 Mycat 实现读写分离

使用 Mycat 实现 MySQL 的读写分离功能，只需要在 Mycat 的配置 "/root/training/mycat/conf/schema.xml" 文件中设置相应的读写分离策略即可，系统的整体架构如图 12-8 所示。

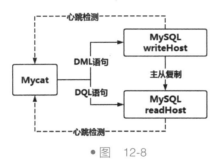

● 图　12-8

下面通过一个具体的示例来演示基于 Mycat 实现 MySQL 主从复制读写分离的功能。

1）编辑 "/root/training/mycat/conf/schema.xml" 文件，输入下面的内容。

```
<? xml version="1.0"? >
<! DOCTYPE mycat:schema SYSTEM "schema.dtd">
<mycat:schema xmlns:mycat="http://io.mycat/">
    <schema name="TESTDB"checkSQLschema="false" sqlMaxLimit="100">
        <table name="emp" primaryKey="empno" type="global" dataNode="dn1" />
    </schema>

    <dataNode name="dn1" dataHost="dnhost" database="TESTDB" />

    <dataHost name="dnhost" maxCon="1000" minCon="10" balance="1"
            writeType="0" dbType="mysql"
```

```
            dbDriver="native" switchType="1"
            slaveThreshold="100">
        <heartbeat>select user()</heartbeat>
        <writeHost host="mysql11" url="192.168.79.11:3306"
            user="root" password="Welcome_1">
            <readHost host="mysql12" url="192.168.79.12:3306"
                user="root" password="Welcome_1" />
            <readHost host="mysql13" url="192.168.79.13:3306"
                user="root" password="Welcome_1" />
        </writeHost>
    </dataHost>
</mycat:schema>
```

提示

从上面的配置信息可以看出，写数据操作将由“192.168.79.11”的节点主机来负责，而读数据的操作将由“192.168.79.12”的节点主机和“192.168.79.13”的主机来负责。

在实际的环境中，writeHost 和 readHost 均可以配置多个。

2）重启 Mycat。

```
mycat restart
```

3）通过图形客户端工具“Navicat for MySQL”查看 Mycat 逻辑库 TEDSDB 中员工表 emp 的数据，如图 12-9 所示。

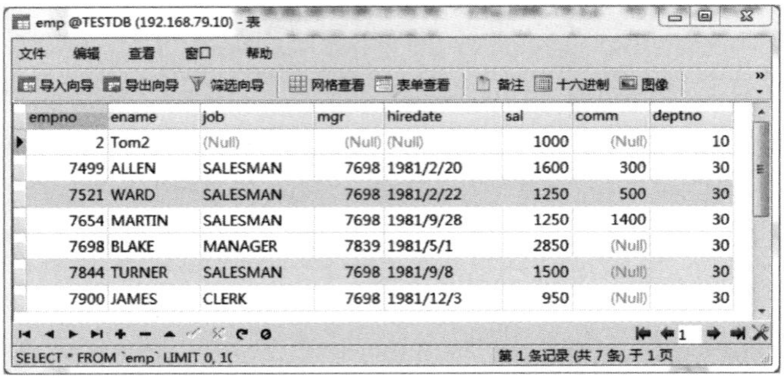

empno	ename	job	mgr	hiredate	sal	comm	deptno
2	Tom2	(Null)	(Null)	(Null)	1000	(Null)	10
7499	ALLEN	SALESMAN	7698	1981/2/20	1600	300	30
7521	WARD	SALESMAN	7698	1981/2/22	1250	500	30
7654	MARTIN	SALESMAN	7698	1981/9/28	1250	1400	30
7698	BLAKE	MANAGER	7839	1981/5/1	2850	(Null)	30
7844	TURNER	SALESMAN	7698	1981/9/8	1500	(Null)	30
7900	JAMES	CLERK	7698	1981/12/3	950	(Null)	30

● 图　12-9

提示

这时读取的数据来至 mysql13 的节点，即 192.168.79.13 上的 MySQL 数据库实例负责读取数据。

4）往 Mycat 逻辑库 TEDSDB 中的员工表 emp 插入一条数据。

```
mysql> insert into emp(empno,ename,sal,deptno) values(4,'Tom4',1000,10);
```

💡 提示

> 这时新插入的数据将写到 mysql11 上，即 192.168.79.11 上的 MySQL 数据库实例负责写入数据。

5）在 mysql11 的后端 MySQL 数据库实例上确认新插入的数据，如图 12-10 所示。

```
1 mysql11
mysql> select * from emp;
+-------+-------+-----------+------+------------+------+------+--------+
| empno | ename | job       | mgr  | hiredate   | sal  | comm | deptno |
+-------+-------+-----------+------+------------+------+------+--------+
|     3 | Tom3  | NULL      | NULL | NULL       | 1000 | NULL |     10 |
|     4 | Tom4  | NULL      | NULL | NULL       | 1000 | NULL |     10 |
|  7782 | CLARK | MANAGER   | 7839 | 1981/6/9   | 2450 | NULL |     10 |
|  7839 | KING  | PRESIDENT |   -1 | 1981/11/17 | 5000 | NULL |     10 |
|  7934 | MILLER| CLERK     | 7782 | 1982/1/23  | 1300 | NULL |     10 |
+-------+-------+-----------+------+------------+------+------+--------+
5 rows in set (0.00 sec)

mysql>
```

● 图　12-10

6）停止 mysql13 上的 MySQL 数据库实例，以模拟该节点出现了宕机。

```
systemctl stop mysqld
```

7）重新通过图形客户端工具"Navicat for MySQL"查看 Mycat 逻辑库 TEDSDB 中员工表 emp 的数据，如图 12-11 所示。

● 图　12-11

💡 提示

> 这时候读取的数据来至 mysql12 的节点，即 192.168.79.12 上的 MySQL 数据库实例负责读取数据。